日本銷售第一の
型男快時尚

最速でおしゃれに見せる方法

日本頂尖男裝採購專家

MB・著

推薦序

日本時尚有太多值得我們師法之處！

身為時尚媒體人，我最常被讀者問到的問題就是：「我該怎麼穿？」1997年，我創辦《men's uno》雜誌其中的使命之一，就是想好好地傳遞給台灣男士穿搭知識與文化，沒想到經過了快20年，這個問題依然困擾著許多男人。

我想平常吸收時尚資訊太少與缺乏自信，應該是其中最大的問題，更何況流行是一直在演變，幾年後街頭的流行又換了一輪，沒有時尚敏感度的人，特別是男人，很容易覺得追趕不上。

本書的作者MB在日本已經推出許多相關的男性穿搭系列書籍，在日本時尚圈有相當的知名度，迥異於其他時尚達人常以國際的趨勢為主要觀點，MB著重在實際的穿著搭配，某個部分，他想要傳遞的概念和我的理念很相近。

文中他提出一個看法讓我很訝異：「日本人穿著西服的歷史很短淺，頂多戰後七十餘年的時間，衣著品味涵養自然不如西方人深厚。」一直以來我都認為日本時尚已有深厚的底蘊，身為亞洲人，日本在這方面有太多值得我們師法之處，而他們依然自謙自己的不足，更令我感到敬佩。

學無止境，時尚這一門課程，其實還有很多需要大家學習之處，這一本書我也受用無窮。

林浩正
《men's uno》雜誌集團出版人

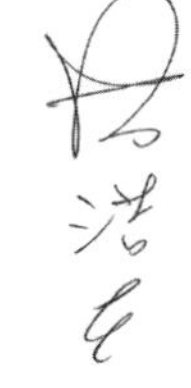

作者序

時尚會改變你的人生！

「變時尚的人，人生也改變了」這句話絕對不誇張。很多男性應該有這樣的經驗吧？和女生說話畏畏縮縮的，不敢主動攀談；在氣氛高雅的餐廳呼叫服務生時顯得猶豫不決。自信從容的舉止是男性魅力的表現，但你卻總是缺乏自信、不敢大方付諸行動？我希望至少能幫助男性朋友重拾「自己看起來很時尚」的信心，任何場合舉手投足都能更自信大方。

或許有人會批評：外表所建立的自信根本不值得一談，人靠的是內在。但大家總是以外表來判斷別人，例如：從警察制服判斷對方是警察；從消防員制服認定他是消防人員；從西裝判斷對方「應該是要去上班」。人在無形之間都會有這樣的既定認知，但這並不表示我否定人必須從內在散發美與氣質。然而，內在修養不比外在形象那麼容易造成影響，所以最佳捷徑應該要先提升外在的自信。而且培養「外在形象」有一定的法則，每個人都可以輕鬆上手。

請問你買了新衣服會不會想馬上穿出門？照鏡子覺得自己穿得很帥，想趕快讓周遭朋友及喜歡的人欣賞？每天穿上這些衣服、充滿自信，和異性交談不再彆扭，在餐廳也能自信地叫喚服務生。

可見時尚能讓人變得活躍、充滿行動力。

當我還在唸高中時，對於服裝穿著一竅不通，常常不敢進美容院只敢上理髮店、很想到服飾店買衣服卻沒勇氣踏進去、心儀某個女孩卻擔心她不甩我……這些負面的想法讓我顯得消極退縮。然而不知什麼時候開始，我開始覺悟自己要變得時尚，漸漸地抬頭挺胸，在學會穿搭技巧後找到了自信，行為舉止也出現變化。我的人生也因為穿搭技巧更加豐富，也開始改頭換面。

每個男性都想自信又帥氣的追求女生，或者希望能從容地走進餐廳、美容院這些時尚場所，如果因為外表不佳而放棄行動豈不太可惜了？

從外表產生自信的時尚感其實並沒有這麼困難，不需要花大錢，也不需具備品味，只要理解穿衣邏輯即可。穿衣邏輯也可視為「時尚的方程式」，只要懂它，穿衣困擾就能像解決數學題一樣迎刃而解。再次強調——穿出時尚就能改變人生。時尚很簡單，你沒有理由猶豫不決和拒絕可以讓你變時尚的機會。

MB謹致

這是一本男性專科的時尚書！

請容我再自我介紹一次，我是MB，男性時尚專業採購，也是時尚部落客。至今和一百多個品牌合作過，並以部落客身分經營《時尚採購教你變型男的方法KnowerMag》網站。我想首先藉著自我介紹來說明為什麼我要寫這本書。

從中學時代我開始對時尚感興趣以來，一直有個疑問——為什麼找不到一本關於時尚的教科書？我想穿上好看的衣服、展現時尚的感覺，但卻從沒看過任何一本教導時尚Know-How的書籍或資料（我將於第1章向各位說明原因，這裡先暫時保留）。而且那時候我每次聽到「他好時尚喔」、「他真帥」這類感嘆詞時，都感到非常匪夷所思。

關於時尚，雖然每個人看法都不相同，甚至直覺的認為「時尚取決於一個人的品味（sense）」，是一種渾然天成的天賦。然而為什麼大家會一致認同「他好時尚、很會穿衣服」呢？既然有大部分的人都認定為時髦的服裝、時尚的穿法，就表示——時尚有其一定的法則。

既然有法則，為何沒有一本教導大家學習時尚的書呢？

既然沒有，不如我來寫一本吧！就這樣，二十歲的我作了這樣的決定。後來我把關於服裝的資料手寫下來、用電腦打成檔案，養成隨時記錄的習慣，也請我打工的服飾店帶我參加採購發表會。除了採購工作之外，我也常常請教於模特兒、造型師、設計師們，把聽來的、記在腦海裡的知識一一整理下來。憶起我讀書的年代，幾乎只有「衣服」的回憶。

大學畢業後，我如願進入時尚界。從小店員做起，經歷店長、管理好幾家分店、採購，後來靠著大學所學的行銷知識及獨自研發的手法，利用「內部創業」成立EC電子商務事業部，短時間之內從零開始，創造了數億日圓的業績。之後經歷時裝店管理顧問、EC電子商務代理營運、專業採購……等職務，至今得以獨當一面。

我一邊在時尚界打滾、一邊寫著「時尚教科書」，不斷投注越來越多熱情，每晚工作結束便埋首於星巴克整理資料，這樣不眠不休的生活維持了好幾年。後來我的資料庫變得非常龐大，隱隱約約建構起「時尚教科書」的整體雛形。

其中較有系統的部分內容便是2012年開始經營的網誌《Knower Mag》，當更新一篇一、兩千字的文章就受到了極大的迴響，僅僅半年的時間雖然只PO了十九篇文章，但已達到單月三十萬人之多的瀏覽量，每天收到堆積如山的留言告訴我：「這就是我期待已久的網站」或是「好想再讀你寫的文章，請再多PO一點！」。

2014年，我希望能在網路上提供更深入的資訊，例如不受限制地附上品牌名稱或給予具體建議，便開始利用會員制的電子郵件雜誌（Mail Magazine）《快速變時尚的方法——現任男性時尚採購的穿搭術與穿搭診斷》發佈訊息。如此一來，網站（KnowerMag）的內容比較偏向理論，電子雜誌的部分則是實踐版。

我會給予類似「用這個邏輯，把UNIQLO的某個單品加另個單品就能搭出時尚感」這樣更為具體的建議，除了得到極大的迴響之外，也屢屢獲得日本最大規模電子雜誌發布平台《Meg2》增加發行數排行榜前三名，從一開始短短不到一年的時間即進入付費電子雜誌類暢銷排行第四名（以2015年8月時間點的發行量排行計算），並榮獲2014年度《Meg2大賞》。

其後，寫稿的觸角繼續延伸至《日刊SPA!》、《Men's Joker Premium》、《男性快速變時尚的穿衣方法》等，也為網路漫畫《如果你這樣穿衣服》擔任監修，並在nico nico Channel官網《MB Channel》發佈動態影片，其他受邀寫稿與演出的機會也不斷增加。

除了寫稿之外，我成立了原創品牌「ＭＢ」開始發表時尚單品，第一波的「ＭＢ窄管褲」一百件在開賣僅僅五分鐘內即售罄一空。在都內舉辦的分享會原本只限定50個名額也在短短二十分鐘以內爆量到200名聽眾。如此種種因素讓我深刻感受到大家的渴求如此熱切，而催生了這本時尚教科書出版的念頭。

我也陸續在電子雜誌中收到會員們的迴響：「內容很淺顯易懂！」、「原來時尚這麼簡單」、「不需要買時尚雜誌了」，或是聽到「交到女朋友了！」、「我結婚了都是託您的福」……這些令人開心的消息。

本書可說是我從高中時代就開始對時尚所描繪的藍圖，不單只有理論，也包含了可實踐的部分，說它是「東方男性都該擁有的一本書」也不為過。雖然裡頭的內容主要針對30幾歲的讀者群，但中學生或40～50歲的讀者也很適合拿來參考活用。

時尚和邋遢僅一線之隔！

接著我和大家簡單說明一下，為什麼我們這麼需要一本時尚教科書。

平時逛服飾店時，店員總是擺出「時尚有型必須要買昂貴的衣服」的態度，流行雜誌與服裝品牌也主張：每季必須添購新衣才跟得上流行的腳步……。然而，事實並非如此！

有些人怎麼穿都好看，例如：從事服飾業的店員，他們無論被派到哪家店、穿什麼衣服，都具備一定程度的穿衣技巧。

事實上，時尚與邋遢僅一線之隔。我們必須靠邏輯和掌握訣竅才能成功展現自己、穿出時尚，但有些人即使全身高檔服飾看起來卻像個「邋遢的有錢人」。所以，若能充分掌握穿衣技巧就能變時尚，即使全身UNIQLO也能穿出好品味。

不盲目追逐流行、不花冤枉錢，每個人都能遵循穿衣邏輯穿出時尚。相反的，若不瞭解穿衣邏輯，即使花再多的錢也穿不出出色的感覺。而且，即使相同的單品，也會給人截然不同的感覺。所以只要掌握「理解法則」的關鍵，時尚與邋遢就如同黑白棋般互相翻轉，勝負僅一線之隔。這就是為什麼電子雜誌的讀者、網路會員們會發出由衷的驚歎：原來僅僅理解法則，時尚就變得如此簡單！

東方人過於偏好美式休閒風格！

我想利用這本書、《KnowerMag》官方網站和電子雜誌為平台，來革新東方男性的時尚觀念。

東方人穿西服的歷史並不長，和西服發源地歐洲相比，穿衣技巧也並未成熟，可說是處於摸索中的階段。

人在懵懂未知時，會習慣仰賴既有觀念，穿著也是一樣。例如，這家店買的襯衫就非得搭配同一家的褲子、美式風格就要搭配美式單品、西裝褲就是要搭皮鞋，再怎麼樣都要統一風格。

但城市生活所需要的穿著卻非這麼浮淺，我會再後面詳細說明，所謂「街著」的精神就是——混搭。例如：把設計於運動時穿著的運動褲、軍用的軍裝外套、工作用的丹寧褲……這些物件加以搭配組合就是「街著」。

反之，全身穿著運動服飾就是運動員、全身軍裝就是軍人，這絕不是「街著」。一般人因不瞭解而採用「全套式穿著」，便落入了時尚的陷阱。

除了全套式穿著，日本人戰後開始穿著西服之時，因為深受美國文化的影響，使得日本人慣於美式風格的穿著。

穿著休閒服時，選擇歐式風格的西裝襯衫、細針織衫搭配西裝褲的人畢竟還是少數。日本時裝市場上，無不充斥著連帽外套、T恤、丹寧褲、球鞋……這類單品，街上滿是全身充滿美式風格的人。

然而，靠單一的美式風格要把「街著」穿得時尚是非常困難的，所以說，大多男性穿著邋遢是場悲劇並非言過其實，因為時尚必須以「混搭」、「取得平衡感」兩大原則為前提，唯有遵守此前提進行搭配，才可能成功穿出時尚感。

因為東方人穿著西服的歷史很短，憑感覺就掌握穿搭要領的人不多，這是我們的現狀。因此，本書的目的便是提供抓不到感覺的人理論式的法則，進而學會穿衣邏輯。

對於穿著不太有自信的人可以把它當成教科書，已略有心得的人則可利用本書作為推敲參考之用。

誠如我一開始所說，只要獲得讓自己變時尚的自信，人生就會改變，做任何事也會積極正面並且享受其中。既然開始讀了本書，即使感到半信半疑也請當成是上了當，姑且將它讀到最後吧！

目次

Chapter 3 How to make your style

50種潮男の示範LOOK！

Chapter 4 How to make your style

MB 嚴選の15 款男性必備單品！ 193

專業採購推薦 CP 值最高的產品

The principles

chapter 1 快速變時尚の「衣」大原則！

穿搭三大黃金準則！

本章，我將說明不為人知的「時尚的祕密」。所謂的穿著品味（sense）也將有邏輯的說明，讓穿衣技巧變得平易近人、實行起來更得心應手。

時尚並非天生「Sense」，而是有穿衣規則可循！

大多數人認為，所謂的「時尚風格」或「穿衣之道」沒有標準答案，是因每個人的感受各不相同；但，在你我心中都有屬於自己的一套準則。

事實上，我認為並非如此，「時尚」應該是有標準答案的。

大家有想過嗎？時尚文明從萌芽開始經歷漫長歲月的累積、淬煉於成熟且系統化，「如何穿得時尚」也有了明確的定義。

如果你認為時尚不具有規則，大家就不會一致產生「那個人好會穿衣服！」的同感了。如果人人感受各有不同，對時尚的看法也就不盡相同。

所以，一般消費者普遍認知的「時尚是需要品味的」、「時尚沒有標準答案」，其實未必正確。

根據我的親身體驗及考證後的心得，我認為——「時尚是邏輯勝於有品味，每個人眼光不同，卻能夠產生『那個人好會穿衣服』的認同感，便解釋了時尚是有規則可循的道理」。

的確，在巴黎或米蘭高級時裝展中的時尚藝術追求的是表現力、感受性及才華的世界。但一般人出門上街、上班、上學或約會時穿著的「日常外出服」所需要的並非「sense（品味）」，而是「穿搭規則」。

一開始，人類並非具備品味才懂得穿著時尚，因此「穿搭方式無法用言語解釋」這個說法並不成立。時髦的人必定遵照了「能讓人看起來時尚的穿搭技巧」打扮自己才顯得出色，因此我不認同「時尚沒有道理，完全來自於品味」的論點。我相信只要理解規則，人人都能變得時尚，經由後天培養出來的穿搭能力——就成了「品味」。

即使如此，一般人還是經常感嘆「天生具有品味的人才懂得時尚」。舉例來說，A單品加上B單品看起來變得很時尚，其實這就是存在著某種道理，但一般人卻不理解箇中奧祕。而有時這樣穿「很好看」有時卻穿得「像災難」，每天穿衣服宛如碰運氣，不斷重覆嘗試錯誤的實驗，經由自我修正逐漸找出穿搭心得，最後變成一個有品味的人，似乎沒有道理可言。

本書會具體解說「展現時尚的方法」或「看起來時尚的因素有哪些」，證明時尚絕不是無法解釋的抽象概念。只要學會穿搭原則與重點，保證一生受用。你將不再需要多花時間、浪費金錢、苦苦摸索，更不需要「品味」。

想營造時尚感只需要「掌握要領」，如同本書標題，我將向你證明「快速變時尚的方法」是有可能的。

為什麼從來沒有一本時尚教科書？

學生解數學習題時，一定得利用方程式才能探求定理吧？學習任何事物都得借鏡前人智慧、向老師求教或研讀課本，盡可能將犯錯機會減到最低。那麼，為什麼穿衣服這件事卻沒有老師和課本教導呢？一定非得經過「這樣穿好看」、「這樣搭很難看」不斷嘗試、犯錯、修正的過程嗎？

如前所述，大家都公認時尚的人，且十個人中有九個人都同意的話，就表示時尚存在著規則。倘若有一本整理出穿搭規則的教科書，豈不是件很棒的事？

但，至今從未出現過真正教導時尚的教科書，有兩個原因。

第一，因為時尚不同於研究學問，它是一種龐大的成衣消費產業。

舉例來說，大家可以稱之為「穿搭達人」的服飾店員，他們的任務是要賣出自己店內的衣服，所以，絕不會告訴消費者「我們家衣服設計不良」或「買UNIQLO穿就行了」。而且，那些堪稱「教科書」的服裝雜誌，也必須考慮廠商及廣告業主，不可能直接告訴消費者哪個品牌的衣服不ＯＫ吧！如果說穿衣搭配的sense很重要，但sense就像某種黑箱測試，有sense的人不管選擇什麼款式、怎麼搭配，一般人應該都不會有任何異議？

倘若這道理成立的話，「教你正確的穿搭」就變成一件很荒謬的事了。然而，許多品牌與服飾業者經常如此看待時尚，有失公允。

另一個原因，如前所述，一般人並不會用「邏輯」分析時尚這件事，而是憑感覺去體會。例如：許多從事時尚工作的專業人士、店員或造型師，對於時尚都鮮少用言語解釋，都是憑感覺摸索。使時尚變成只能意會，無法用言語表達！

我從學生時代就大量地從流行雜誌蒐集關於穿搭的資料，上大學後在服飾店打工，畢業後進入時尚界工作，經過多年努力好不容易把「流行」與「時尚」的概念用「說」的表達出來。

以前打工時，我一邊參加時尚發表會，一邊聆聽造型師與設計師的分享、蒐集資料……等，雖然說法各異，但其實這些專家的中心思想都殊途同歸。此外，從參加時尚展的經驗，我發現：穿搭技巧皆建構在「大原則」之下，如此一來，更讓我確信時尚是有規則可循。

這個「大原則」並非由我制定出來，而是業界的時尚人士憑感覺、靠邏輯理解以及親身實踐的結果。

從以前到現在，沒有任何一本穿搭書，能夠把這些原則舉例說明清楚，這本書可說是首開先例，也是業界第一本「時尚教科書」。

店員靠穿搭技巧變身「時尚型男」！

或許你會認為：「時尚只是帥哥的專利」或者「我中年肥胖又短腿，怎麼可能變時尚？」

請回想一下，服飾店的男性店員，看起來都時髦又帥氣嗎？仔細觀察發現……好像也不盡然。

以我和很多服飾店合作過的經驗來看，店裡頭的男店員也不全都是帥哥，公司也不以長相作為錄取標準。

這些男店員們看起來酷帥有型，多是藉由穿搭技巧讓自己變成所謂的「時尚型男」，這些撇步除了先前提過的展現時尚的原則外，還包括「如何修飾身材」的小心機在裡面。

很多穿衣技巧可讓人有「腿變長」、「看起來成熟有魅力」、「臉變小」、「身材變得更完美」的視覺效果，如果再加入「快速變時尚的大原則」巧妙掩蓋身材缺點後，就能輕易變得時尚又瀟灑。

「時尚是帥哥的專利」是個推託之詞，如果想要成為時尚型男，只需穿衣技巧就能達到。而且不需要花錢、也不用有品味就能做到。

自以為時尚，反而變邋遢的迷思──（1）講究質感？

首先說明，許多男性追求時尚經常陷入的迷思，也就是──流於邋遢的原因。

男性朋友在追求時尚的同時，經常陷入過度「重視質感」的迷思。像是丹寧褲、皮料……等單品，變成男性選購服裝的重點，可說是品質和個人品味幾乎要超越穿搭技巧了。翻開男性雜誌，裡頭也鮮少提到搭配方法，大部分的文字都在介紹衣服材質、細節等規格方面的訊息。

走進男裝店也經常聽到類似的行銷話術：「這件針織棉衫是取自〇〇〇的珍貴棉花」、「這件連帽外套防潑水、吸濕功能優越，無論幾千公尺的高山都能使用，非常頂極」……全都圍繞著「材質」作文章。

如果你仔細思考，是否也有疑惑：「珍貴材質和時尚有關嗎？」、「平常上街需要穿到防水外套嗎？」。事實上，我們要追求的不是「質」，而是「不經意的時尚感」。

那麼，為什麼服飾店員工都喜歡在材質布料上作文章呢？

因為時尚是不能言傳的！他們都以為「隨便穿一穿就很時髦啦」，卻說不出一套搭配的邏輯。

即使有人能把其中奧妙說出來，可能也會害得「不符合搭配原則」的衣服賣不出去。說明白些，一旦消費者明白了穿衣技巧，地攤貨也就能穿出時尚了不是嗎？服飾店員肯定不會把這種事講明白，所以服飾業者與流行雜誌永遠不會透露這個「不能說的祕密」。

事實上，時尚與否是「客觀」的看法，一旦把重點放在和設計、剪裁不直接相關的「材質」上是說不通的，用材質來強調商品特性，就已經偏離客觀性了。

另一個把材質當作賣點的原因就是——質感具有「絕對性」！

現代的商品物流管理拜電腦化之賜，已達到非常系統化的運作。販售商品經過分門別類，相似度高的物件越來越多，如此一來，選購衣物的標準若設定在可讓消費者變時尚的「搭配方法」或「穿著技巧」上，那麼任何一家店的物件，都可以相互被取代。也就是說，不一定要去買潮流服飾店（複合品牌店）的衣服，路邊攤就可以解決了。

為了和別家品牌服飾拉出差異化，才會開始著墨於「質感」的話術，就能提高衣服的價值，提升了優越性，自然就形成無可取代的地位。

因此，服飾品牌越來越以材質至上為訴求，許多男性的穿著往往變成「質感很高檔，但看起來卻很邋遢」，誤以為「流行必須靠錢堆砌」。

我不反對因「個人愛好」追求品質，或因為「需求」選擇職人手工打造的「哥德華皮料、防水機能商品，享受高品質帶來的滿足感。但若以追求時尚的角度來看，難免落入過於重視品質的迷思。尤其是30歲以上的男士要特別注意，這已跳脫客觀的角度來看待時尚，也失去時尚最原始的目的。

我不全然否定質感這件事，因為質感優越的衣料的確可用肉眼判斷出來，我的衣櫥裡也有不少質感細緻的服飾，像高級針織衫的色澤光潤高雅，絕對是平價服飾望塵莫及的，這種外觀上就感受到的差別。

而所謂「高級棉料」或「防水功能」這種用看的也無法分辨質感好壞的質料，對於不在意質感的人眼中，則完全不具任何附加價值。尤其是想好好學習時尚的消費者來說，在考量機能性之前，應該先以「能讓自己變時尚」為優先。

你希望走出門就被旁人稱讚很會穿衣服，在我的經驗裡，即使全身平價服飾也做得到。且無論是憑感覺或邏輯理解，只要對時尚具有粗淺認識的人都能夠學會。

所以千萬別過於依賴質感，先以外觀就能營造出時尚潮男為目標吧。

自以為時尚，反而變邋遢的迷思——（2）偏好某個風格？

另一個讓男性朋友偏離時尚的迷思就是——只偏好某種風格。例如：喜愛美式穿搭的人，全身都是美式風格單品；偏好街頭風的人，就全身都是街頭休閒服飾；或者也有人一到假日會穿上最喜歡的A牌運動裝和運動鞋，從頭到腳徹底的運動風打扮。

這類消費者會被歸類視為「單一風格」為時尚的表現。

或許你會問：「全身美式風格有什麼錯嗎？」當然，我不否定這類型的衣服，但從時尚觀點看又另當別論了。如果單一風格就能成就時尚的話，應該就不需要任何教科書了吧。

所謂的日常外出服「街頭穿搭」就是混搭文化。

軍裝布勞森外套、丹寧褲、西裝外套、運動鞋……這些經常使用的單品種類已經非常多元化，但最早這些服裝都不是為了日常穿著而設計的。

像軍裝布勞森外套起初是軍用品；丹寧褲最早是工作褲；西裝外套原本是禮服；運動鞋本來只在運動場合穿著。由於當初不是用來作為日常外出服（街頭穿搭）使用，所以在平日穿著時就必須以混搭為原則，若不加以混搭直接套在身上，就會變成「制服」。

全身軍裝就變成軍人服，全身套裝或正式西裝配西裝褲就變成禮服或上班制服。為了不讓日常外出服不小心淪為制服，就必須調整比例。這就是所謂「街頭穿搭」哲學，穿出時尚的大前提必須要——混搭。

西方人穿西服的歷史比日本人悠久，對於「街著（日常外出服）」是憑感覺理解。國外時尚街拍經常見到運動長褲搭合身外套，或布勞森外套搭西裝褲的穿法，這樣的搭配邏輯在亞洲並不常見。不過近幾年，有些穿著技巧逐漸影響亞洲，像把運動長褲穿上街，不僅漸漸不太有人會認真追問：「這不是居家服嗎？」，而且丹寧褲配皮鞋的人也越來越多了。

但亞洲人對於西方時尚精髓尚未徹底體會與掌握，許多男性穿衣時，還經常保有全套式的概念，像牛仔褲一定要配運動鞋、西裝褲一定要搭襯衫和皮鞋……這樣單一風格的模式。盡管人有選擇自己穿什麼的自由，但就符合時尚感的角度來看又另當別論。

當然，牛仔褲配帽T和運動鞋，這樣全身美式風格也未嘗不可，只是又偏離了時尚混搭的概念。靠單一風格塑造「很會穿衣服」的形象，就會變得非常不鮮明，因為「街頭穿搭」不能只偏好某種風格，必須加以混搭才是王道，原因容我留待後面章節敘述。

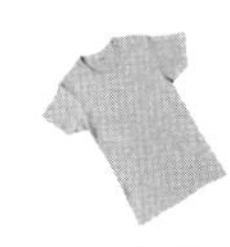

衣大原則

找出「正式7：休閒3」的穿搭平衡點！

對於穿搭知識，東方人與歐美人本來就有著天壤之別。歐美人擁有穿著西服悠久歷史的淬煉，已經領會「穿出時尚感」的訣竅，例如：義大利男人圍圍巾的方法、襯衫袖子反折的摺數、法國人丹寧褲的穿法……都令人忍不住讚嘆。

這是無庸置疑的，因為東方人穿著西服的歷史很短淺，頂多是近七十餘年的時間，衣著品味涵養自然不如西方人深厚。

但時尚是客觀的，其中一定具有原理及脈絡可循。大部分的人都認同「這人很會穿衣服」、「這人看起來時尚」的穿搭道理是存在的。

相對於歐美人的品味渾然天成，我們解讀時尚需要邏輯式的思考。

本章將以「衣」大原則及穿搭三大黃金準則，來說明時尚的法則，內容或許有些複雜，但請先學會最重要的「衣大原則與三個黃金準則」。第2章進入教大家如何實踐。單純死背公式或許一時之間難以融會貫通，但大家跟著實際操作之後，應該就能漸漸深入腦海。先把複雜的觀念讀過一遍，待進入下一章節一定能更有深刻的印象。

無論我如何強調時尚規則的重要性，相信有人應該還是會大嘆「反正歐美人身材修長，要駕馭任何服裝都輕而易舉」吧。

請大家放心，與歐美人相比，我們體型上的缺點可以運用巧思，藉由「錯視法」、「隱藏法」轉移焦點，關於體型修飾的方式我會在後面章節會為大家詳述。本章先說明何謂「衣大原則與三個黃金準則」，你就會瞭解時尚為何不是靠「sense」而是用邏輯思考了。

首先學習最重要的觀念，你認為男性時尚最基本的要素是什麼？

那就是「掌握正式（dress）與休閒（casual）的完美比例」。

所謂「正式（dress）」泛指正式西裝體系的服飾。常見單品有西裝外套（套裝的上身外罩）、西裝褲、正式襯衫、皮鞋、皮包……等，即職場穿著或正式場合使用的裝束。

反之，「休閒（casual）」則為輕鬆的打扮，休閒服經常採用沒有壓力、寬鬆舒適的設計，常見單品有連帽T、水洗丹寧、運動鞋、T恤、運動背包，類似簡單外出或到附近便利商店會穿著的服裝。

找出正式和休閒兩者的平衡點，就是時尚的最大原則。相對於前一單元提到的「街著」混搭概念，西裝外套搭西裝褲、襯衫搭皮鞋，這是百分之百的「正式」穿搭，它們適用於職場或宴會，但並不符合「街著（日常外出服）」的基本原則。

反之，連帽外套搭配運動褲、運動鞋則是不折不扣的「休閒」穿著，屬於家居服或簡單外出到便利商店的裝扮。同樣的，也不算是「街著」。

而介於「正式」與「休閒」兩者之間的服裝，才能稱為「街著」。不過分拘謹、又不過於寬鬆，緊張感與寬鬆感並存，便是建構男性時尚最重要的基礎。

試試看，在西裝外套搭配西裝褲、皮鞋這樣標準的正式穿法裡，我們將西裝褲改成「休閒」風格的丹寧褲；或是在連帽衣、丹寧褲、運動鞋這樣的休閒打扮中，把丹寧褲改為具「正式感」的西裝褲。

如此有意識的將正式與休閒兩種風格加以平衡，使緊張感與寬鬆感並存，才符合搭配得宜的基本概念。

這不是我獨創的觀點，而是許多知名設計師們不約而同的看法。另外，我再補充一個「解開」的概念。

除了風格上的探討之外，我們也經常聽到「穿西裝的男性解開領帶的動作非常有男人味」這樣的說法，這也合乎「在正式與休閒間取得平衡感」的道理。

穿著全套西裝散發著強烈正式感，在緊張感之中，若加入解開領帶的「行為」，便適時增添了「休閒」的元素。只要在拘謹的穿著中多了點餘裕感，便能達到緩和的效果，合乎「正式中有休閒」的原則，所以流露率性時尚的氛圍。

順道一提，雖然女性穿著也和男性同樣必須遵守「正式與休閒間取得完美比例」的原則，但由於女性服飾的品項比男性更為多樣化，還會因化妝技巧影響外在形象，所以女性時尚的邏輯更為複雜。

東方人應該遵守「7：3」穿搭黃金比例！

男性穿搭的最高指導原則是「正式與休閒之間的平衡感」，而最理想的比例便是「正式必須比休閒多一點」。

歐美人通常採用正式：休閒「5：5」的穿衣比例，這麼做沒有問題，如果東方人也如法炮製，便會太孩子氣，缺乏平衡感。

因為正式打扮讓人有成熟感，而休閒打扮則看起來幼稚（回想一下前面列舉過的正式服裝與休閒打扮的常見單品，就能夠明白）。

先天上，東方人的臉孔與體型比歐美人來得孩子氣，五五身材（即腰身低、腿短，上下身比例差不多）看起來好像發育不良，加上面貌稚氣，感覺起來比歐美人年輕，所以東方人外貌上與生俱來就比較傾向「休閒感」。

因此東方人穿著西服想和歐美人一樣時尚瀟灑在先天條件上是有點勉強的，必須多花點工夫，若試圖仿效高大壯碩的外國名人平日的穿著，未必可以達到相同的效果。

為了消除東方人五官及身材先天上的休閒感，我不建議和歐美人一樣採取「5：5」的穿搭比例原則，必須多點正式感，將正式與休閒的比例調整為「7：3」才是我們最理想的穿衣比例。

適當運用正式感的元素，就能散發時尚感！

日本人在穿著上應該偏正式還有另一個原因，請容我舉例說明為何穿出時尚感需要這麼做。

如前所述，時下東方男性的服飾受美式風格潛移默化的影響，夾克、連帽T、格子襯衫、T恤、牛仔褲、卡其褲、運動鞋……美式休閒的穿著在日常生活中俯拾即是，想必各位的衣櫃應該也塞滿了這類衣服吧。

反觀現代男性中，平時會把白襯衫、西裝外套、西裝褲、皮鞋這些歐式元素加以運用的人可說是鳳毛麟角。其實只要在穿著中納入一點歐式元素，就能獲得成熟時尚的好評！

要改善東方人「五五身短腿童顏」的先天特質、穿出時尚感，就應該花點巧思營造適度的正式感，這是建構男性時尚非常重要的核心概念。

各位不妨試著在上班、上學途中觀察街上男性的穿著，你會發現穿著西裝的除了上班族之外，其他男性幾乎都是街頭風格打扮。尤其許多年過三十的男性可能年輕時代就接受美式風格薰陶，一直延續到成年之後，早已對格子襯衫、T恤、丹寧褲搭配球鞋的穿著模式習以為常。

雖然我不認為從頭到腳完全美式風格有什麼不好，只是這樣的搭配習慣可能和時尚漸行漸遠。其實你只需留下30％的休閒風，整個人就會煥然一新，流露不凡的成熟率性。請務必時時牢記正式與休閒「7：3」才是最完美的黃金比例。

黃金準則①

服裝搭配，從決定下半身開始！

前文已說明了正式與休閒的比例原則，接下來為各位介紹，實踐此原則所需的三個黃金準則。

我們已瞭解「如何掌握正式與休閒的比例」是搭配的最高指導原則，也是打造時尚穿著的大前提。接下來要介紹的黃金準則將是「最快速變時尚的具體方法」，它雖然不像大原則那樣必須確實遵守，但只要把握以下三大黃金準則就能輕鬆打造時尚感，還不太習慣或尚未建立信心的人切莫打破這三個準則。

等慢慢習慣後，便可隨心所欲、自由演繹。反之，自認已經駕輕就熟的人，也請確實謹守這三個準則。這些準則不只可作為新手指引，對中級者、進階者也都適用。如同學習樂器需要基本功一樣，稍有懈怠就前功盡棄，請記牢這些準則繼續讀下去吧。

首先來談談「上衣（tops）」和「下身（bottoms）」。

「上衣」指上半身衣物，包含夾克、襯衫、針織衫、T恤，另外也有「外衣（outer）」這樣的說法，它可指罩在內層衣物外面的上衣。其中，夾克、布勞森外套又稱為「上著（外衣）」，廣義來說，「外衣（outer）」包含在「上衣（tops）」的範疇裡。

而「下身」則泛指所有下半身衣物，包含丹寧褲、斜紋棉褲（chinos）、西裝褲等，有時鞋子也歸類在下身衣物裡。

好！如果現在什麼都不加以考慮，先採買去，你會入手「上衣」還是「下身」衣物？

我十多年前甫踏入時尚界，當中經歷過服飾店員、店長、主管、採購、電子商務營運長、品牌業務，也曾任職於大型複合品牌時尚店，想起當時有個可愛的男大生說：「我上大學了，要開始改頭換面變時尚！」。

結果顯示，先從上衣開始入手的男性占壓倒性大多數，尤其是瞄準細節完美的名牌經典上衣，例如：不少人會先買西裝外套、丹寧外套。先買上衣雖不見得算是錯，但絕非通往時尚的捷徑，反而是時尚的絆腳石。

當我還只是個服飾店員就已明白「從下身開始思考」的道理，接下來讓我告訴你為什麼。

改變印象、建立形象都靠下身穿著！

那麼，為什麼要先選擇下半身呢？

說穿了，要改變印象、建立形象首先必須——改變下半身穿著。大部分的人都會想到利用上衣改變印象。的確，上衣到臉部的距離比下身到臉部的距離更近，較容易形成視線焦點，只要稍微再變化上衣顏色或加個圍巾，就能瞬間改變整體印象。

但是，建立形象的任務就得交給「下身」衣物了。

請大家稍微思考一下便很容易理解，倘若鬆垮垮的牛仔褲搭配誇張的球鞋，上身無論穿了多麼體面的襯衫、剪裁多麼精緻的西裝外套，是不是也顯不出時尚的感覺。反之，若穿著版型良好的褲子、簡練的黑皮鞋，上身隨意穿上寬鬆T恤、老土的連帽外套，竟也能出乎意料的有型。

分享一下我在網路平台《WebNewtype》（角川）擔任監修的HowTo漫畫《穿衣服就要這樣》故事中，身為時尚傳教士一角的「環」，便把下身的重要性比喻為味噌湯。

「下半身穿著會影響整體印象，所以下半身沒有搭配好，上半身也不可能有時尚感」「和味噌湯的道理一樣！」「味噌湯如果沒有用高湯打底，即使加了高級食材也索然無味」「但只要用心熬煮高湯，即使只加了海帶芽和洋蔥，也能令人垂涎三尺」（《穿衣服就要這樣》第2話）

主角的妹妹「環」為了改造哥哥，把穿衣服比喻為味噌湯，下身比喻為湯底，上身比喻為味噌湯裡的食材。

的確，味噌湯若加入螃蟹、鮑魚高級食材卻少了湯底的話，會覺得好像少了什麼味道。但就算只是熬個湯底這麼一個小動作，就能煮出令人大大滿足的美味湯品，即使只有海帶芽、洋蔥這麼普通的湯料，也算得上是一道完美的料理。

很多人因為急欲改變印象，通常在採購衣物時會先選擇上衣，雖然瞬間可以產生改變視覺的效果，但若沒有好好挑選適當的下身來「建立整體形象」，即便穿上設計師品牌的上衣或佩戴再昂貴的飾品也不相稱。

其實只要下身穿對了，利用手邊現有上衣加以搭配也很有型。因此，想不花錢在最短時間內打造時尚感，首要之務就是——找到正確的下身穿著。

黃金準則②

掌握「I、A、Y」顯瘦又增高的3大黃金比例原則！

第二個準則就是掌握改善身材線條的「基本輪廓（silhouette）」。

幾乎很少人在選購衣服時，會考慮到穿起來的線條輪廓（silhouette），這是很重要修飾身形的「撇步」，只要你稍微花點心思，就能瞬間展現不凡的時尚感。首先介紹穿衣的基本三大輪廓「I」、「A」、「Y」。

「I」輪廓：上窄下窄，強調顯瘦視覺效果！

所謂的「I」輪廓，就是上窄下窄的直線形穿著。上身與下身都是合身設計，如同英文字母「I」一樣，強調筆直顯瘦的視覺

style01（P161）

效果。不用把它想得很困難，只要記得上衣和下身都收窄合身即可。

請見實穿圖「style 01」，合身的上衣搭配合身的窄管丹寧褲，整體看來就像英文字母「I」。只要不是太過時的款式，就能讓身形比例看起來有收斂的感覺。最容易聯想到「I」輪廓的穿著打扮應該就是合身的西裝了，「style 01」就帶有正式感。

「A」輪廓：上窄下寬鬆，調整身材比例！

接下來「A」輪廓，是呈現上身窄、下身寬鬆的線條，視覺上就像英文字母A一樣。

由實穿圖「style 07」可以明白，「A」輪廓就是寬版的褲款搭配合身的上衣，如同梯形一樣由上往下逐漸開闊的外形可修飾寬肩、或倒三角形的身形，加強下半身的分量，使上半身看起來更顯瘦的穿搭方式。

style07（P165）

「Y」輪廓：上寬鬆下窄，拉長腿部線條！

最後是「Y」輪廓。也可稱之為「V」輪廓，即上半身寬鬆、下半身縮窄的穿搭方式。如同字母Y一樣，肩部較寬，往下逐漸收斂變窄。

由於東方男性腿部較短，可以利用「Y」輪廓搭配同色鞋子，拉長下半身曲線，看起來也會顯瘦又增高。請參照圖片「style 10」，寬大的T恤搭配窄管牛仔褲，形成上寬下窄的倒三角形線條。

以上，這三種輪廓都是可以讓身材線條得到最佳修飾。打扮俗氣的人都是因為做出了失敗的輪廓，但只要好好掌握「I」、「A」、「Y」任何一個輪廓，身形就能馬上獲得改善。

最不容易出錯的輪廓「I」！

前面已介紹了「I」、「A」、「Y」三種輪廓，為什麼還要特別強調輪廓「I」呢？原因有二：

首先，輪廓「A」、「Y」很容易搭配失敗，原因是無法精確展現出輪廓應有的效

style10（P166）

果。一旦沒有創造出上、下身的反差就不符合「A」、「Y」輪廓原則，以時尚的觀點來說，無法讓人客觀感受到「上窄下寬」或「上寬下窄」的效果，就不構成輪廓「A」、輪廓「Y」。

穿著必須營造出層次感，輪廓「A」需要上衣窄版、合身，下身明顯變得寬鬆；輪廓「Y」則需下身收窄、上身對比變得oversize，若沒有拿捏得宜會變得俗氣老土。一般人很少有這類版型極端的衣服吧，但該窄卻不夠窄、該寬卻不夠寬的單品，是無法創造出「I」、「A」、「Y」的線條感，會變成半調子，因為每一種輪廓都不夠鮮明到位。

我在搭配輪廓「A」和輪廓「Y」時，會刻意選擇大一號的尺寸，甚至稍微顯胖的衣服，大家可以慢慢熟練運用這種微調整。不過，突然要求大家「尺寸買大一號」，你可能會懷疑「這樣妥當嗎？」「這樣穿會好看嗎？」而有些不安吧。

以往關於穿搭的工具書都會教導新手如何挑選衣服尺寸，消費者也懂得購買尺寸適中的衣服。所以我建議大家不妨先學習輪廓「I」穿搭法。

因為輪廓「I」上身、下身都收窄，選擇合身剪裁的上衣及褲子就不容易出錯，只要合乎自己尺寸的窄版單品，都能輕鬆打造輪廓「I」穿著。確實掌握「選窄版的」、「選尺寸剛好的」等重點，買衣服就能避免猶豫不決。

輪廓「I」偏正式感，是初學者的安全牌！

前面為大家介紹過正式感與休閒感的完美比例，所謂的正式（dress）是什麼？就是正式場合穿著的服裝或西裝；而休閒（casual）屬於輕鬆愜意的打扮（relax style）。

然而，正式與休閒的定義並非「西裝外套就是正式服裝」、「連帽夾克就是休閒服」這樣簡單。

因為，**所有服裝皆由「①設計」、「②輪廓」、「③顏色（質感）」三項要素構成，而三要素又各自含有「正式與休閒」的成分**。這有點複雜，讓我依序為你解說。

例如：西裝外套的「①設計」屬於正式，連帽外套的「①設計」則是休閒，從單品「設計」（要素①）上，大家都能輕易分辨什麼物件屬於正式或休閒。大致來說，作為西裝設計時，屬於正式；除此之外就屬於休閒，這樣概分應該毫無疑問。

至於要素②「輪廓」，同時也兼具「正式與休閒」的成分。請複習一下，西裝是不是屬於輪廓「I」？大致來說，窄身的就屬於正式（dress），寬鬆的便是休閒（casual）。再想想看，輕鬆打扮的休閒（casual）輪廓，是否大多都呈現寬鬆舒適的感覺？連帽外套、丹寧褲等都屬於此類。所以，我們大致可以這樣理解「窄身＝正式（dress）」、「寬鬆＝休閒（casual）」。

由此可知，寬大鬆垮的衣服會顯出休閒感，因此輪廓「A」、「Y」當然會比輪廓「I」多一分休閒的感覺。由於我先前提過，東方人穿搭必須多點正式感，並且「正式：休閒」比例應為「7：3」，所以還不太熟悉輪廓「A」、「Y」的人可先從輪廓「I」練習偏正式感的穿著。

也許你會認為：「既然正式與休閒比要7：3，那麼選擇稍微帶有休閒感的輪廓A不就好了嗎？」，如果只考慮「②輪廓」這一點的話確實如此，但請別忘了，保持「正式與休閒」的三大要素相互間的平衡是非常重要的。假設把規則單純化，將「②輪廓」、「③顏色（質感）」都設定為正式，只靠「①設計」來調整正式與休閒的平衡感的話，穿搭將變得容易許多。

這個論點請容我在後面加以說明，總之請記得先從輪廓「I」著手，是最不容易出錯的方法。

黃金準則③

用色控制在，基本色（黑白灰）＋一個跳色！

服裝三要素「設計」、「輪廓」、「顏色（質感）」我已為大家解說了前面兩項，接下來介紹何謂要素「③顏色（質感）」。

大家已理解三個要素各自具有「正式與休閒」的性格，例如「①設計」可以用「是否作為正式穿著使用」來區別（西裝外套用在正式套裝就是正式dress，連帽外套不屬於正式穿著就是休閒casual）。「②輪廓」也是如此，正式西裝的上下身都窄版合身，所以屬於正式（dress），剪裁寬鬆的款式則為休閒（casual）。

那麼「③顏色（質感）」又是如何區分「正式與休閒」呢？同樣用「是否可作為正式穿著使用」來檢驗便可理解。正式西裝的基本色是黑色系，內搭的襯衫多半為白色，禮服等正式服裝大致都是如此。

因為西裝基本色系都是黑、白、灰等無彩色，所以，黑白灰色調就屬正式，而彩色即歸類為休閒。

只要跳脫單一色調，就會呈現休閒感、散發孩子氣，身上顏色越多，休閒感越高。從色彩的心理感受上來說，彩色就等於孩子氣。

因此，穿搭時使用的顏色最好控制在「無色調＋一個跳色」為佳。初學者若把衣服顏色控制在黑白灰色調將更為容易執行，熟練穿搭技巧之後，再把「一個跳色」加進來，雖然紅色、藍色、綠色都可以作為跳色，不過還是有些地方須多加留意，我會在後頭為大家說明。

剛剛提到的「③顏色（質感）」裡除了色彩感受之外，其中的「質感」也同時包含了「正式與休閒」的成分。因為質感也可能影響色感，所以這裡將它與顏色歸於一類。質感也以西裝為例來判別「正式或休閒」的性質，例如：和西裝一樣有光澤感的算正式，沒有的就算休閒；和西裝一樣平整筆挺的屬於正式，反之則為休閒。這對於本文介紹的三個準則會有些許影響，不過先姑且記牢大致規則即可。

身上避免使用超過4個配色！

常有人說：「身上衣服的顏色不宜超過4個」。前文提過，身上的顏色越多，越孩子氣；越少，則越成熟洗練。由於男性穿搭必須遵守「正式與休閒比7：3」的鐵則，因此「避免使用太多顏色」確實是有必要的。

當然也有例外的狀況。顏色在整體穿搭印象中除了受「顏色數量」影響外，也因「顏色使用面積」而改變。比方說，我使用了手鍊、腰飾、鑰匙圈等面積不大的小飾品，共超過4個顏色的物件在身上，這樣並不構成問題。

但若把大紅色運用在上衣等大面積的部位，造成強烈視覺效果時，就比較偏向休閒感。若再把其餘3個顏色加上去，便是不折不扣的休閒風了。

「顏色數量」用得越多，休閒感越高；「顏色面積」越大，該色造成的影響越強烈。所以，請牢記身上不使用超過4個顏色。

顏色使用的面積與彩度多寡，決定正式感或休閒感！

或許有人會問：「如果我遵守用色控制在基本色＋一個跳色，那麼鮮紅色或深藍色當跳色也都可以嗎？」，針對這點我補充說明一下。

色感隨著「使用面積和彩度」多寡，會決定正式感或休閒感。如前所述，黑白灰基本色是西裝常用的正式感色系；相反地，顏色繽紛、彩度高的紅、藍、綠色則呈現出幼稚般的休閒感。穿著紅色外套（面積大）看起來有休閒感，但如果改成紅色的包包（面積小）尚不構成休閒感。

所以，基本上無論使用哪種跳色只要遵守「基本色＋一個跳色」的原則就沒問題，只要記得將彩度高、色彩鮮艷的單品控制在小面積使用，就算在安全範圍內。

而深藍色因為近似黑色、彩度也低，所以可用在外套上（彩度即色彩的純粹度或飽和度，也可依色彩明暗來判別），但外套若是彩度高的大紅色時，就得特別小心。

「基本色＋一個跳色」的規則可適用在任何顏色上，但請切記一點：彩度高的單品面積不宜太大。

鎖定2種服裝要素穿搭才有型！

先前提的，時尚得依循「衣大原則」與「三大黃金準則」的邏輯架構而行，不過仍然感到有點複雜，對吧?!

無論如何，服裝的三要素「①設計」、「②輪廓」、「③顏色（材質）」都各自擁有正式與休閒的成分，在綜合考量之下，必須將「總體印象」控制在「正式與休閒比例為7：3」才行。

我最擔心，有人讀了本章「正式與休閒的比例」的說明之後，終於茅塞頓開，從容自信的拿出衣櫥裡的西裝外套（正式）和丹寧褲（休閒）加以組合之下，沒想到……。

你的西裝外套「②版型」很寬鬆（休閒感）、「③顏色」又是卡其綠（彩色＝休閒感），如此一來，光是「①設計」以外的兩項要素就已讓整體感失衡了。不過別擔心，我再介紹一個更適合「時尚新生」的簡易穿搭法。

鎖定三個穿搭要素中的其中兩項！

因為三項要素必須綜合考量，對於初學者來說難免有些難度，所以我提倡「階段式穿搭法」。

「階段式穿搭法」就是把三要素中的其中兩要素鎖定住，即在「①設計」、「②輪廓」、「③顏色（材質）」中，將「②輪廓」設定為上窄下窄，並把「③顏色（材質）」鎖定為無彩色（或無彩色＋一跳色）。

這個作法不需要使三項要素都找出平衡點，而是一開始就將其中兩要素直接設定為「正式」，僅剩下要素「①設計」需要控制正式與休閒的比例。

誠如大家所知，亞洲人受美式風格影響很大，休閒穿著俯拾可見，城市生活中的「街著」也幾乎是休閒服或輕便打扮的天下，所以只要將要素「②輪廓」與要素「③顏色（材質）」定調為「正式」，就能立即展現與眾不同、獨樹一格的風格。

東方人一向被認為擁有天生的五五身、娃娃臉，不偏離正式感才是提升穿搭力的捷徑。所以我們便規定其中兩要素（輪廓、顏色）必須為正式，把穿搭方法公式化。

把輪廓與顏色定為正式之後，問題將變得單純許多，僅需考慮剩下的要素「①設計」即可。西裝外套搭丹寧褲、襯衫搭運動長褲……如此簡單的想法就能輕鬆做出正確穿搭。即使有時稍有休閒意味，但只要其中兩項要素都偏正式感了，總還不至於太奇怪。剩下只要針對要素「①設計」作考慮，混合正式感與休閒感就能輕鬆變時尚。

「階段式穿搭法」非常實用！

接著，一旦熟練了「①設計」正確掌握平衡感的穿搭法後，就可以解除「②輪廓」的限制，下次挑戰用寬鬆單品變化穿搭印象，挑戰輪廓「A」和輪廓「Y」。等越來越上手再逐步解除各個限制，嘗試各種組合方式，這就是「階段式穿搭法」。

我自己在搭配衣服時若遭遇困難，也會先鎖定某幾項要素，用窄版及無彩色單品加以搭配，就能輕鬆打造出成熟洗練的Look。

「階段式穿搭法」是服裝搭配上非常實用的利器，尤其是對自己的穿著尚未建立信心、還抓不到感覺的人，請務必嘗試看看。

「衣大原則與 3 大黃金準則」總整理

第一章介紹了「衣大原則與3大黃金準則」，第二章我們將進入「實踐篇」，讓我們先將之前學過的重點再複習一次。

調整「正式」與「休閒」的比例

服裝根據場合使用概分為「正式」與「休閒」兩大類，掌握兩者間正確的比例搭配衣服，是成功打造時尚「街著」的祕訣。

東方人的身材和臉孔較歐美人稚氣，穿得休閒會看起來更幼稚，應避免複製歐美人「正式與休閒 5：5」的比例原則，正式感比例應該更高一些，正式與休閒「7：3」最理想。

黃金準則1　服裝搭配從下半身開始！

想看起來時尚，要先找出正確的下半身服裝。穿衣服是上衣加下身衣物，快速改變印象靠上衣，但建立形象必須靠下身衣物。如果沒有先打好下身基礎，即使上半身穿得再好也不相稱。要穿出時尚，下身衣著應該先穿得正確才是合理之道。

黃金準則2 掌握「I」「A」「Y」最佳穿搭比例原則！

可改善線條比例的輪廓有三種：輪廓「I」上下皆窄，輪廓「A」上窄下寬，輪廓「Y」上寬下窄。

基本上，窄版偏正式，寬版偏休閒，建議初學者先從輪廓「I」入門最為理想。

黃金準則3 用色控制在基本色＋一個跳色以內！

關於色彩使用：無彩色偏正式，彩色則是色數越多越休閒。剛開始先從無彩色、或無彩色加一個跳色來搭配比較好。

階段式穿搭法

服裝三要素是「①設計」、「②輪廓」、「③顏色（素材）」，這三者各自兼具正式與休閒的成分，各要素之間應該要相互取得平衡感。當在考慮三要素相互間的變動因素上遭遇困難時，就先鎖住其中兩項要素。

將「②輪廓」設定為正式感，以上窄下窄的 I 輪廓；再將「③顏色（素材）」也鎖定為正式，利用無彩色加一跳色來搭配；如此一來，只剩下「①設計」可以變動。以要素②、要素③的正式感為基礎，再找出要素①「設計」正式與休閒間的平衡點，如此搭配起來就不容易失敗。

以上這些要點屬於基本大原則與準則，從下一章開始，我們將以這些原則為基礎教你如何一一實踐。

How to pick your clothes

MB精選の14個選衣關鍵！

chapter 2

今天就買這一件！

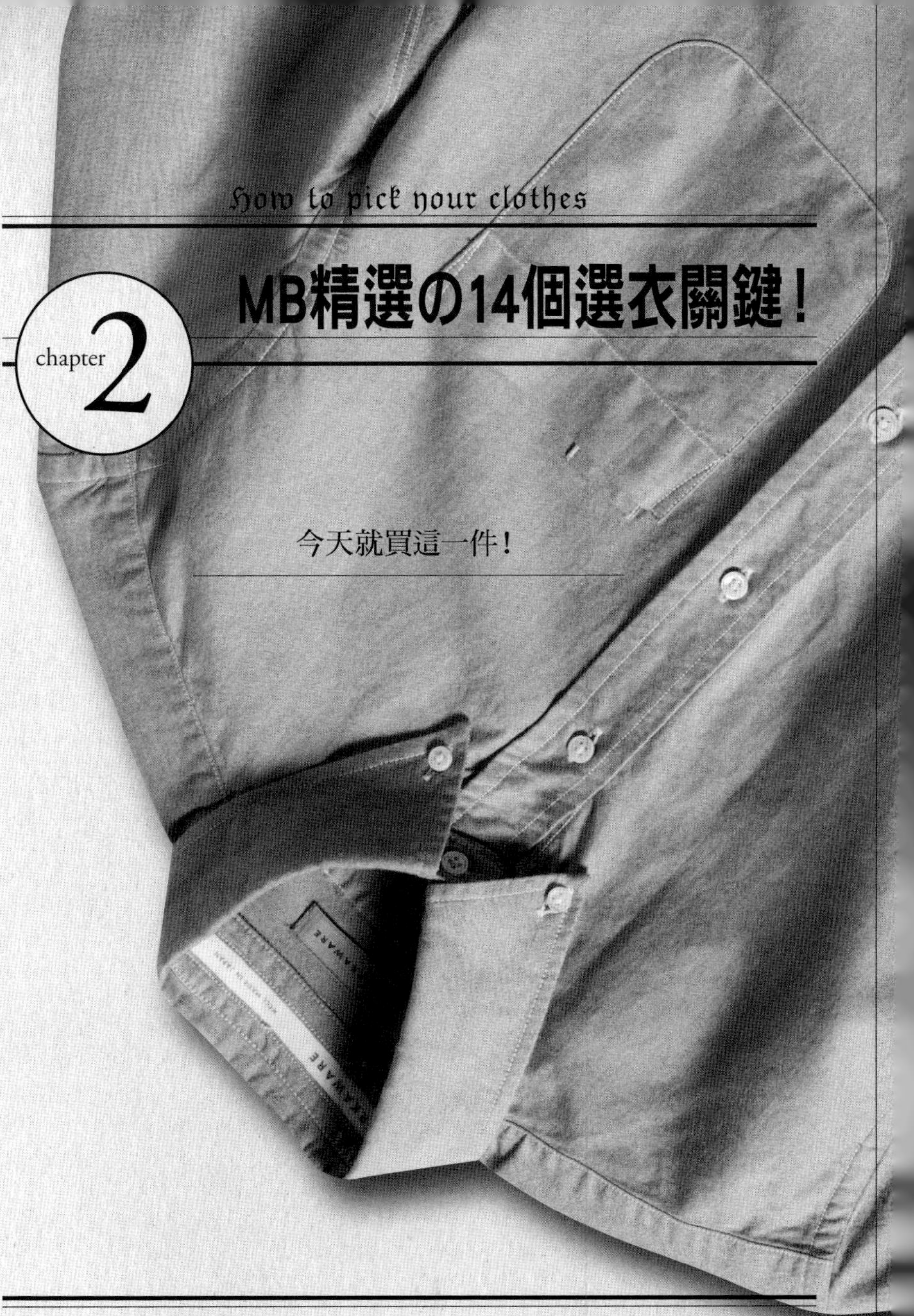

當你學會了穿衣邏輯，一定迫不及待要出門採買新衣吧？先別慌！誠如「黃金準則①」中所學的，先決定下半身，再選擇上衣，最後才是配件小物。現在，我要告訴你，哪些是男人衣櫥裡絕對不能「漏勾」的必買單品。

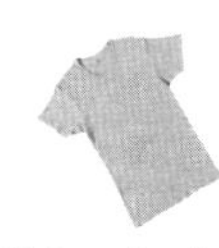

褲子、鞋子占整體視覺印象70%，選對就離時尚不遠了！

前一章「黃金準則①」曾提到「穿搭必須先從下半身開始思考」。一般來說，衣服可廣義分為上衣和下身，而改變人的外在印象靠上衣（tops），建立形象則要靠下半身衣物（bottoms）。所以，在尚未確立好形象的情況下，無論上衣再怎麼用心搭配也會有種突兀的感覺，所以服裝穿著一定要先從下半身打好基礎。

下半身（bottoms）除了指褲類之外，還包含很重要的物件——鞋子。影響時尚與否的關鍵70％來自於「褲子和鞋子」，只要理解下半身（褲子和鞋子）的重要性，離時尚就不遠了。

▲全身鬆垮，看起來就像「路人」？！

下面兩張照片的上衣，是穿同樣一件T恤，但兩者印象差很多吧！其中穿著寬鬆丹寧褲搭球鞋的感覺是不是很隨便？一副「宅男」的打扮。

另一張照片則是合身褲子搭配黑鞋，看起來成熟俐落多了，散發出乾淨優質男的休閒風。為什麼有如此大的差別呢？

善用褲子與鞋子的色彩，搭配出修長視覺效果！

只是褲子和鞋子改變，就能讓有長身短腿（五五身）的人，可以靠視覺效果獲得改善，看起來顯瘦又修長。祕密就在於可讓身形比例拉長的「視覺效果」，日常生活中，人的眼睛常有生理錯視的現象，稱為「視覺假象」，因為時尚不外乎是以客觀的角度看待穿著打扮，所以我們可以藉由視覺原理延伸腿部線條。

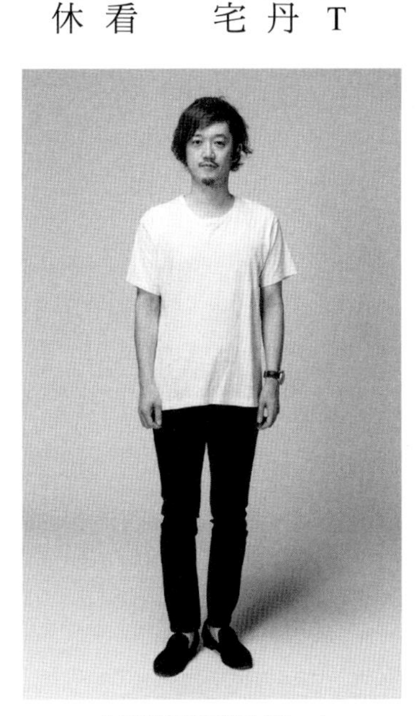

▲乾淨優質男的休閒Look

改變視覺印象的方式很多，本章後面的【搭配篇】也會加以介紹，但這裡我要先介紹的是拉長腿部線條、並且這是「基本中的基本」法則——模糊褲子與鞋子的界線。

以電視機和電腦的螢幕為例，請想像一下，螢幕邊框黑色或白色哪個可讓整體面積看起來較大？答案是：黑色。因為畫面與邊框的界線變模糊了。當畫面與邊框同樣都是黑色時，眼睛無法分辨畫面與邊框各自的範圍究竟從哪裡開始、到哪裡結束？使得黑色邊框的螢幕畫面看起來比白色邊框的螢幕更大。

同理也適用於褲子與鞋子的關係。當兩者以同色統一之後，褲子與鞋子的界線變得模糊難辨，乍看之下，兩者有合而為一的錯覺，使腿獲得了延伸的視覺效果。

由於亞洲人受美式街頭風格影響太過深切，即使穿了黑色褲子，也常習慣性地搭配白色休閒鞋，如此更清楚明白宣示兩者的界線，強調「長身短腿」的缺點。長身短腿給人稚氣、不成熟的印象，與成熟的正式感背道而馳，形成一種「總覺得哪裡不太協調」的感覺。

並非白色鞋子完全不能穿，我自己也有好幾雙純白色休閒鞋，只是想讓腿部變修長、身材比例更出色，白鞋無疑是使搭配難度提高的品項。所以初學者請切記，盡量讓褲子和鞋子的顏色一致，看起才會協調。

「穿上新買的外套，但為什看起來好幼稚」、「身高不夠，不敢嘗試大衣外套」、「為什麼我穿起來的感覺和店員差這麼多？」……穿搭上有這些困擾的人，不妨藉由這種方式拉長身材比例。

因為我們是靠下半身來建立形象，褲子穿對了上衣無論穿什麼都合理出色。請別忘記「褲子＆鞋子占整體穿搭印象70％」。

下半身選擇窄版設計！

關於褲子與鞋子之間的關係，我再說明一下，褲子的選擇重點在於「合身的剪裁」，尤其是練習初期更必須這麼做。請複習一下前一章所說的「輪廓的基本原則」，輪廓「I」（上下身合身收窄）、輪廓「A」（上窄下寬）、輪廓「Y」（上寬下窄）。

此三種輪廓中有兩者的下身都是收窄的，下身一旦收窄，無論上衣寬鬆（輪廓Y）或收窄（輪廓I）都成立。反之，若下身穿得寬鬆，上衣就只能選擇窄身（輪廓A）了。

只要下身收窄，選擇上衣的自由度便提高了，甚至可以說，上衣只要合適尺寸就可以了。上一章提過，輪廓「A」或輪廓「Y」的上、下身必須產生明顯的層次對比，對於初學者來說可能有些困難。

要成功營造輪廓「A」或輪廓「Y」的視覺印象，窄身必須夠窄，寬鬆必須夠寬鬆，因此褲子要盡可能設定為合身版型，一旦讓下半身有收縮感，上衣穿什麼都順理成章。

窄版收縮的下身搭配稍微寬鬆的上衣就變成輪廓「Y」；反之，若穿合身的外套就變成輪廓「I」，所以無論上衣怎麼挑選都能隨心所欲、不易出錯，因此關鍵還是在於下身的選擇。利用窄版下半身產生收縮感，即使用家裡現有的上衣搭配也很有型。可見下身的重要性不言可喻，真正窄版的褲型才能打造合身俐落的整體感。

窄身的關鍵——褲腳不能有皺褶！

實際到服飾店買衣服時請注意，有時店員口中所謂的窄管褲，實際穿起來也許不是那麼一回事，店員未必真正理解窄管褲的定義。輪廓要成立，視覺上必須要有緊縮的感覺。那麼所謂的「窄」到底是多窄？我們實際穿上所謂的窄管褲看看吧！

這件褲管夠窄、版型又漂亮的神作就是UNIQLO的緊身窄管褲，試穿的人當中，也許有人會嫌它稍微寬鬆邋遢了些，而輕率的斷論「反正是平價服飾嘛，沒辦法要求太多」，其實只要注意某個細節，就能馬上產生修長俐落的效果。

足以影響視覺印象的部位，「末梢」比「整體」來得更重要。以褲子為例，所謂的末梢便是褲腳；以T恤來說，末梢就是頸部。衣服的末梢部分是視線集中的部位，末梢的「粗細」決定了穿衣服整體的印象。

▲若是褲腳有皺褶，看起來就不時尚很老土！

店員口中經常說的「這件衣服版型很好」，通常並未真正了解衣服版型的好壞不在於整件衣服，而是衣服的末梢。

褲子的皺褶也是如此，倘若褲腳皺巴巴，再合身的褲管看起來還是鬆垮的。請回想一下買西裝褲時，是不是會丈量合身的尺寸，調整適當的褲腳長度？一旦褲腳有了皺褶就會顯得邋遢、不夠俐落得體，不適合職場穿著。

休閒褲也是一樣，褲腳如果鬆垮垮的，就枉費了合身的褲型。褲腳只要多出了微妙的分量感，就會破壞整體比例。所以在選擇衣服時，一定得先檢查衣服的末梢，穿衣的視覺印象受末梢的影響非常大，尤其是要展現俐落感時，一定得先注意末梢是否平整無皺褶。

是不是就像穿著西裝褲一樣成熟俐落，腿的線條也變好了呢？怎麼看也不像是UNIQLO平價品牌才日幣三千元的褲子，搖身一變就好像是精品店一件上萬多元的牛仔褲。褲腳平整沒有多餘的布料，完美展現緊身俐落的修長效果。

▲對照P67的圖片，若是褲腳沒有皺褶，整體就俐落有型。

總之，下半身縮窄合身，全身就會變得修長。

如果你是中年體型或運動體型的粗腿，擔心穿不下如此緊身的褲子也請放心，以下將介紹粗壯腿型也能穿出和緊身褲一樣有修身感的方法，請各位參考。

關鍵2【下身篇】

我最推薦神之褲款——黑色窄管丹寧褲！

前面已經建議大家下半身必須遵守「與鞋子同色系」、「版型合身」、「下襬不可堆積皺褶」三個要點。

想要完全滿足此三個要件的單品就是——黑色窄管丹寧褲，是所有男性都應該擁有一件。「Skinny」是貼身、窄版緊身褲的總稱，其中又以黑色窄管褲為最萬用的無敵褲款。

首先複習一下前面提過的「階段式穿搭法」，即鎖定三要素「①設計」、「②輪廓」、「③顏色（材質）」中的兩項要素。男性時尚的大原則是「正式與休閒的比例」，而三個要素又各自含有「正式與休閒」的成分，由於對大家來說有點困難，所以我提出將其中兩項要素暫時鎖定的「階段式穿搭法」，方便大家學習。

「②輪廓」我們選擇窄版，「③顏色（材質）」選擇黑色系，因為東方人理想的正式與休閒比是「7：3」，將兩項要素定為正式後，僅剩下一項要素「設計」需要考量，問題就單純多了。

這麼一來，百搭的「黑色窄管丹寧褲」符合了「合身版型、基本色系」的條件，自然就成了下半身首選。黑色窄管褲符合西裝褲的設計（要素①），但西裝褲是100％「正式」屬性的代表單品，它還必須靠具有「休閒感」的上衣及小物才能達到平衡感，所以搭配上有點難度。

而黑色窄管丹寧褲因為是「牛仔褲」，具有休閒的氛圍；另一方面又是黑色，加上是極為窄版合身的輪廓，所以帶有正式感。由於黑色窄管丹寧褲兼具了「正式與休閒」達到完美的平衡感，我將它稱之為「複合型單品」。

利用複合型單品完成搭配！

複合型單品巧妙融合了正式感與休閒感，搭配「街著」時，用襯衫搭配黑色窄管丹寧褲，丹寧材質的休閒感可以稍稍平衡襯衫的正式感，可讓正式與休閒比維持在理想的「7：3」；如果換成黑色西裝褲的話，就完全偏向正式的職場穿著了。

此外，如果黑色窄管丹寧褲搭配印花T恤也是可以的，因為黑色及窄版的正式成分正好平衡了T恤的休閒感。由於正式與休閒比以「7：3」為佳，如果改成藍色牛仔褲，休閒的成分增加了，便不是「街著」了，變成屬於到便利商店或住家附近的穿著。

有些體型不佳的人會覺得窄身褲太緊，或是過了某個年紀（超過四十歲）對黑色窄管褲敬謝不敏，其實完全不用擔心。因為大家都會穿著西裝褲和藍色牛仔褲吧？「窄管丹寧褲」介於這兩者之間，所以沒有道理排斥它。

加上窄管丹寧褲的素材不斷推陳出新，不僅擁有良好伸縮性，舒適感也比以往提升許多，也有一些品牌採用彈性優越的合身素材，擔心身材的人幾乎都能夠接受，可以安心無虞地穿著。

許多人誤以為藍色丹寧褲是最百搭萬用的單品，這個論調從何而來無可考證，事實上藍色丹寧褲的休閒感極為強烈，上身必須搭配正式感的上衣和配件，想要達到整體平衡難度很高，其實是很難駕馭的單品。

反觀黑色窄管丹寧褲，因其複合型的特性，只需搭配適當的上衣，輕鬆就能穿出時尚俐落感。在西服的發源地——歐洲，黑色窄管褲永遠是時尚街拍中最常出現的必備款便是這個道理。不只是初學者，黑色窄管丹寧褲可說是所有男性都該擁有的萬用褲款。

留意下襬寬度、材質，仔細挑選優秀單品！

首先，挑選褲子時要注意兩個部分。一是褲子的下襬，窄管褲的特點就是越往褲腳越縮窄，因貼身且極為窄版的關係，使用丹寧材質視覺上也屬於正式感。雖然稱之為窄管褲，穿著時也請注意褲長是否適當、腳踝不可出現多餘的皺褶。

第二個部分是材質。丹寧布是由「經線」及「緯線」交織而成的粗斜紋布，通常正規丹寧布是由染過的靛藍色經線（色紗）和白色緯線（或棉原色）織成，由於使用兩種不同顏色的紗線織成，所以穿起來有種洗白的古樸感。但是一般黑色窄管丹寧褲不但違背了丹寧布特有的洗白感，也不構成正式感。

因此，必須選擇經、緯線都染黑織成的布料所製成的「black x black」純黑丹寧褲，這種丹寧褲不容易褪色變白，比一般的黑色丹寧褲看起來更黑。一般黑色丹寧褲在褪色之前，可隱約從經線的縫隙中看到緯線，變得不是純黑，而是帶灰感的黑。反之，「black x black」丹寧褲就像西裝褲一樣黑得很深邃，這便是「black x black」純黑丹寧褲帶有正式感的原因。

辨別「black x black」的方法就是檢查丹寧褲的內裡（經紗從表面檢查，緯線從背面檢視）。「black x black」丹寧褲的表面和背面都是純黑色，一般的黑色丹寧褲則是表面黑、內裡灰白。

黑色窄管丹寧褲的推薦品牌！

首先我要推薦的是「Nudie Jeans」——這是2001年創立於瑞典的丹寧褲品牌，深受好萊塢眾星及國外音樂工作人士所喜愛，是享譽世界的夢幻品牌。「Nudie Jeans」丹寧褲素有「人體第二層肌膚」之稱，講究完全貼合人體曲線的版型。

其中最推薦的經典褲型就是「THIN FINN」，它不僅完全符合前述「褲腳」、「材質」的條件，版型也非常完美。尤其耐人尋味的是，為了提升修飾效果而放低後口袋位置的設計，後口袋比一般丹寧褲做得更低，看起來像低腰垮褲卻又不是垮褲的設計，便是讓腿有延伸感的祕訣，這樣的口袋剪裁美化了背影線條，讓人一穿就無可救藥地愛上，是最大的魅力所在。

▲後口袋的位置比較低（右）

第二個推薦的是「LOUNGE LIZARD」。

它應該算是日本推出窄管丹寧褲歷史最悠久的品牌。1998年品牌發跡以來，維持一貫的丹寧褲生產，經典褲型「Super Slim」經歷多次微妙的演變，近年來不斷持續發表相同版型的產品，其中許多擁護者把穿好幾年的LOUNGE LIZARD穿爛了，回頭又會再購入相同的褲型。

業界有許多愛用者，甚至許多人認為丹寧褲唯一的選擇只有「LOUNGE LIZARD」。

遑論優秀外形和精緻質感，價格也比「Nudie Jeans」來得親民，大約將近日幣一萬元內就能買到某些褲款，是CP值頗高的選擇。日本每個地區都有分店據點，到日本旅遊時，請務必到櫃試穿看看，你將會對褲腳的服貼度與完美版型感到驚豔。

第三個推薦的是「UNIQLO」。

說到窄管緊身丹寧褲，全世界應該沒有一個品牌比UNIQLO更物美價廉的吧。

大部分人對UNIQLO的印象是只賣大眾化商品，但它也有一些只在大型店舖裡才找得到的限定商品，還能找到褲腳貼合感優越並且使用「black x black」素材生產、具正式感的褲款。

和我一起研發「ＭＢ窄管褲」的顧問也表示過：「以我們的品質訂這樣的價位，肯定賣不過UNIQLO」。以車工、材質兩方面來說，UNIQLO的高CP值絕對具有壓倒性的優勢。

此外，UNIQLO窄管丹寧褲比本書推薦的其他品牌的腰圍都稍微寬一些，考慮到穿著的舒適性為其一大特色。

第四個我要推薦「ＭＢ窄管褲」。

因為曾有電子雜誌的讀者反應希望能擁有一件完美版型的窄管褲，「ＭＢ窄管褲」便是我參與開發設計的產品。如同其他推薦過的窄管褲一樣，我非常鍾愛這件褲子，它完全迥異於國外街拍中會出現的任何褲型。

因為東方人特殊的體型條件，因此研發過中，如何利用剪裁與質感變化，創造出不同於歐美人修長腿型適用的版型，才是我心目中最理想的萬用褲型。

我請幾位日本品牌實力派設計師，例如「白谷直樹氏」共同企畫開發簡約且版型優異的褲款，不拘泥於細部及材質，而是追求外觀令人驚喜的超完美褲款。

我將在第4章加以介紹，這裡暫不詳述，我可以自信地說這是極致完美的窄管褲，當然我也每天穿著它。

此外，「MB窄管褲」採限量生產且首波開賣即銷售一空，預計未來一年僅兩次以電子雜誌會員為對象接受網路預購，再進行生產。

▲style23（P175）之外，也穿著使用的萬用褲型。

關鍵3【下身篇】

時尚從鞋子開始，建議選偏正式的鞋款！

鞋子和褲子一樣屬於下身穿搭的品項，具有建立外在形象的重要功能。前文提到，褲子和鞋子的顏色搭配可改善視覺效果，想要有顯瘦感，挑選的首要之務就是模糊鞋子和褲子的界線。

既然已知我最推薦的下身穿著為黑色窄管丹寧褲，搭配的鞋子自然得挑選「黑色」的才行。鞋子位於服裝穿搭的最「末梢」，容易集中視線，占有很重要的分量。誠如某句名言道：「時尚得先從鞋子開始」。鞋子位於全身的末梢，因此最容易吸引目光。

然而，若鞋子裝飾過多就會太過醒目，反而違背了「模糊鞋子和褲子界線」的目的，你的第一雙鞋子，應該盡量選擇簡單樸素的。

因此，粗糙堅固的駝色中筒靴或大學生經常反折露出格紋的反折靴都是NG款。就「偏正式感以取得平衡點」的原則，黑色皮鞋無疑是唯一選擇。

最重要的是，鞋子不能只看局部，而是整體。你可能以為「格紋很好看」、「刺繡圖紋既精緻又帥氣」，以「局部」的角度來說的確如此，但以穿搭邏輯來看，則應考量整體展現的效果，不管怎麼說，男性穿搭必須以整體平衡感為考量。

那麼，鞋子雖然有很多選擇，像靴子、運動鞋……等等，我建議的是具有正式感的皮鞋或皮靴。

男性最愛穿的運動鞋其實是最難搭配的單品，但只要換成黑皮鞋，加上褲長適中且合身的黑色窄管褲，再搭配上衣就能恰如其分。只要下身穿對了，其他就輕鬆好辦了，所以鞋類選擇也應捨棄運動鞋，以黑色皮鞋、皮靴為優先。

挑選存在感低的皮鞋或皮靴！

靴子或皮鞋都要選擇沒有任何裝飾或設計，造型簡單的為佳，或許對鞋子有獨到見解的人會問「鞋頭有翼紋裝飾的可以嗎？」，儘管細節多麼精美，但考量整體感及搭配性，還是簡約樸素的款式比較實穿。

腳只要有東西就容易引起注意，所以鞋面上過多的裝飾很容易會喧賓奪主，並讓人注意到鞋子與褲子的交界線，鞋子盡可能低調才是百搭的正解。

此外，也常有人為了隱藏缺點選擇穿厚底鞋，這也是一個謬誤，厚底鞋雖然可以提升臉部位置，使身高增加，但厚底鞋分量太大，也容易使焦點集中，褲子與鞋子的界線更加明顯，反而更強調腿的長度，讓腿看起來更短。

想達到「看起來時尚」、「時尚氛圍男」、「成熟率性感」的目的，和身高都沒有關係，關鍵在於整體比例、單品搭配的協調性及穿衣方式。

所以，鞋類挑選的正解就是平底皮鞋，並盡可能低調簡約。只要把鞋子和褲子的色調以黑色統一，就能模糊兩者的界線，讓身材線條變修長。鞋型也是同樣要避免鞋頭過尖、鞋頭過圓或過於笨重的，鞋身應該要俐落修長。

即使如此，身高不夠的人想穿出高挑、顯瘦感，建議可選擇平底矮跟皮鞋。只要平底加上一點跟，就不會那麼引人注目，又能達到增加身高的優秀效果。

至於皮鞋具體的推薦品牌，我首推「PADRONE」。它是日本品牌，近來不少精品店都可見到「PADRONE」的蹤跡，它原來是「COMME des

▲Stlye33（P181）穿著搭配示範。

GARCONS」及一些精品名牌的承包商製作皮鞋，擁有職人氣息、實力堅強，有別於華麗前衛的名牌，「PADRONE」靠著其實力派的作風，贏得不敗人氣。

設計簡約、耐用質感好，但價格卻適中合理，不像是高檔名牌高不可攀。追求質感堅實的人，我可以充滿自信的推薦「PADRONE」皮鞋，是最佳選擇。

基本款球鞋——CONVERSE ALL STAR黑色帆布鞋！

「靴子和皮鞋單價比較高，令人敬而遠之」對於這類的讀者，我建議不妨先試試運動鞋，前文有提過運動鞋是意外難搭的單品，皮鞋才能提供正式感，那麼現在要大家試試看運動鞋不是很矛盾嗎？

一聽到運動鞋，腦海中會浮現笨重的鞋型、鮮豔撞色拼接……的印象，大概是類似NIKE、ADIDAS的運動名牌款式，但這卻是「最不建議擁有」的鞋款。

因為我們已了解「不顯眼的樣式」是選鞋最大的鐵則，選擇運動鞋也必須遵守「樣式簡單」、「平底」、「鞋身修長」的原則。因為運動鞋原本就設定為運動休閒使用，大部分都無法符合這三個條件，尤其是薄型鞋底這一項，更是不太可能達到。

所以我們可以選擇「CONVERSE ALL STAR黑色帆布鞋」。ALL STAR鞋身修長，鞋底輕薄，顯眼的位置也沒有任何Logo，只有鞋帶設計。雖然NIKE、ADDIDAS的鞋子也很優秀，但就正式與休閒比例的考量來看，CONVERSE ALL STAR帆布鞋是最方便實用的選擇。

首先我建議將「ALL STAR黑色帆布鞋」搭配黑色窄管丹寧褲，高筒帆布鞋比短筒的好。因為我們知道褲子要選擇「下襬恰到好處、沒有皺褶」，如此一來，褲長勢必稍短一些，如果這時穿著低筒鞋，就會露出腿部肌膚或襪頭，儘管有些人很喜歡這麼穿，但初學者想要看起來高挑，就必須讓褲子與鞋子的界線變得模糊。

此外，鞋帶分為圓帶及扁帶，請比較P82下圖中左邊那隻黑鞋的扁身鞋帶換成圓身上蠟鞋帶，有什麼差別呢？

由於扁帶適合運動鞋，圓帶傾向正式感，帶有休閒感的運動鞋一旦換成正式感的圓身鞋帶，可增添成熟感。穿運動鞋顯得孩子氣的人，請務必嘗試看看。

▲圓身鞋帶更為正式感

介於運動鞋與皮鞋間的萬用鞋款——草編便鞋「espadrilles」！

最後我為大家介紹一款既不是皮鞋、也不是運動鞋，價格雖低廉卻又和皮鞋一樣具有大人感的鞋款——草編便鞋。

西班牙傳統工藝的草編便鞋，這幾年在亞洲各地都非常受歡迎，也有不少大品牌推出這個鞋款。我向來也非常愛用，幾乎夏天只穿草編鞋。

草編鞋在西班牙起初是作為室內穿著，因其拖鞋式的設計，後腳跟的部分可以完全踩平直接套進去，想像一下拖鞋就能理解，鞋子直接套著穿，也能輕易地脫下來，為了不讓鞋子太容易鬆脫，後來草編鞋改良成比較窄身的設計。

而且大部分草編鞋的用料單純，沒有運動鞋般的拼接、接縫及鞋帶，它的樣式比運動鞋簡潔樸素許多，鞋身也較修長；由於沒有使用皮料，所以比皮鞋來得休

▲style of（P163）穿著示範。

閒，是介於運動鞋與皮鞋之間的鞋款。

如果你是不喜歡夏季穿著皮鞋的悶熱感、又怕運動鞋太休閒的人，草編鞋正好巧妙兼顧兩者考量，也是相當完美的複合型單品。

因為造型簡單所以價格親民，如果是帆布材質約日幣兩千元左右即可入手，也不需擔心因為平價就品質不佳。

草編鞋通風透氣的特性適於春夏季節，不建議秋冬使用。它比運動鞋有正式感，價格比皮鞋親民，所以非常推薦大家穿著，不妨趁著尚未全面普及前趕快入手一雙，這可是能讓你變時尚有型的複合型單品，也很適合和窄管丹寧褲的搭配。

關鍵4【上衣篇】

選擇正式感西裝外套的方法與搭配！

接下來進入上衣搭配的篇章。首先介紹男性服飾中最高檔的單品——西裝外套。所謂西裝外套，簡單來說就是正式西裝的外罩衣，是男性服飾中最常見的上衣單品，前一章提過的大原則「正式與休閒」的分類來看，無庸贅述的屬於正式穿著。

西裝文化起源於英國，後來影響了美國乃至於亞洲，作為正式穿著及辦公服飾廣為全世界男士們穿戴。曾幾何時，正式西裝的「西裝外套」也可作為休閒使用而日漸普及。

隨著休閒化腳步的進展，以棉、麻素材製成的西裝外套也應運而生，也出現制式版型從不曾見過的剪裁，例如版型寬鬆、省略袖口及胸前口袋……等各種變化款式。

另一方面，成套西裝也趨向休閒化，發展為日常也能使用的款式，有麻質西裝、棉質西裝，細節呈現休閒感，甚至還出現一些令人無從判斷，屬於正式或休閒穿著的新型西裝。

你的西裝外套平常也能穿出門嗎？

我經常被問到：「西裝外罩和西裝外套究竟有什麼不同？」如前文所述，已經有許多品牌對於「西裝外罩」和「街穿使用的西裝外套」沒有設定明確分界線了，經常可以見到有些既可當外罩穿著，或是搭配同材質西裝褲作為全套正裝使用的西裝外套。「西裝外罩」和「街穿使用的西裝外套」的界線已蕩然無存。

也許你認為「我手邊的西裝外罩平常也可以穿出門」，我們必須留意一下這個問題。

因為像「KONAKA」或「HARUYAMA」等西服店以商業考量將西裝外套作為消耗品大量販售，一旦消費者穿上這樣的西裝外套將是一種冒險。

雖然開發出的系列商品中也有剪裁良好的西裝外套，但大部分版型都存在著若干問題，西服量販店為了要讓西裝在日常生活中可作為上班服使用，常會簡化腰身曲線，加寬肩線，做成適用於所有人的版型。為了適於職場考量到機能性及活動性，多數都將西裝的「版型、剪裁」拋諸腦後。

雖然作為正式西裝使用沒有問題，當外套和西裝褲的材質一致，色調也相同時，即使設計上著重機能感，至少看起來還是成套老氣，某些剪裁上的缺失或許可以被掩蓋；相反的，當作「街著」使用時就行不通了，若強調機能性的西裝外套搭配丹寧褲，剪裁上的缺點就顯而易見了。

我也會把晚宴用的西裝外套作為單穿使用，但如果把量販店的西裝外套作為「街著」使用，恐怕是有困難的。

決不買休閒西裝外套！

西裝外套原本是正式場合的標準服裝，但市面上可見的西裝外套並非全都屬於正式裝束，例如：有些附有口袋、有些有刺繡圖案，或是厚磅丹寧素材、寬鬆版型的款式，都屬於休閒感。

如前文所述，服裝的印象由三個要素「①設計」、「②輪廓」、「③顏色（材質）」互相支配，不只是設計，輪廓、顏色都是影響「正式或休閒」的重要因素。即使樣式是西裝外套，但利用了休閒感的棉質素材、或休閒感的藍色，便近似於休閒感的「布勞森夾克」，完全喪失了正式感。

首先，我們應該擁有一件具有正式感的單品西裝外套取代休閒感的西裝外套。材質建議有光澤感的羊毛、絲質或毛海布為主；剪裁要避免太過寬鬆，應該選擇版型合身的。

我之前提過，亞洲的時裝市場受到美式風格影響很深，可供正式穿著的單品十分稀少。不但很少人會穿著西裝褲上街，「街著」所搭配的鞋子也幾乎都是運動鞋。只要準備幾件西裝外套、正式襯衫等「正式感」單品，搭配既具有休閒感的物件，不僅容易加以變化，也能輕鬆搭配出多種組合。

在第4章「MB嚴選の15款男性必備單品」（P193）篇章裡，會介紹「LOUNGE LIZARD」的西裝，它是具有正式感的西裝外套，可作為大家參考的時尚範本，請務必試試看。

擔心價格昂貴、有預算考量的人也不一定非得找「LOUNGE LIZARD」不可，「UNITED ARROWS」或「nano universe」等大集團精品品牌的經典款，大約日幣一萬元左右就買得到了，重要的終究還是選擇具正式感的單品為優先。

關鍵5【上衣篇】

選擇襯衫的方法與搭配！

西裝的上衣——襯衫，也是重要的正式感單品之一，它比T恤、休閒衫更多了一份合身的大人感。

襯衫的大人感來自於衣領，它是襯衫的靈魂，衣領的形態可以改變臉部線條，關於衣領產生的視覺效果我會在之後的篇章詳述。

襯衫是正式場合中不可或缺的單品，但它和西裝外套一樣，並非所有襯衫都傾向正式感。例如：丹寧材質的襯衫屬於休閒感，口袋造型和貼布繡標的襯衫，也不在正式之列。

請再複習一次之前學過的三要素：「①設計」、「②輪廓」、「③顏色（材質）」，檢測一下哪些襯衫具有正式感。

選購襯衫的重點在於衣袖和下襬！

男人的衣櫥裡絕對不能沒有一件白襯衫，首先你必須選擇可與西裝搭配、剪裁簡約、合身且質感光潤輕薄的襯衫，只要以「可搭配西裝」為選擇依據，自然不會偏離正式感。依三大要素來檢驗一下，「①設計」必須沒有口袋及貼布繡標，「②輪廓」要合身，「③顏色（材質）」則要潔白光滑且輕薄。

請看照片「style25」中的襯衫，剪裁簡約、版型合身、顏色潔白，便是理想的單品。可能有讀者會問「既然要以西裝的款式為範本，那直接穿西裝襯衫不就好了？」其實，西裝襯衫的衣長與袖長都過長，不適合作為正式休閒混搭的穿著。

西裝用的襯衫是以「穿在外套裡面」為前提，所以襯衫袖口為了要露出西裝外套而必須稍長一些，並且襯衫因為要紮進西裝褲裡，也使得衣襬必須

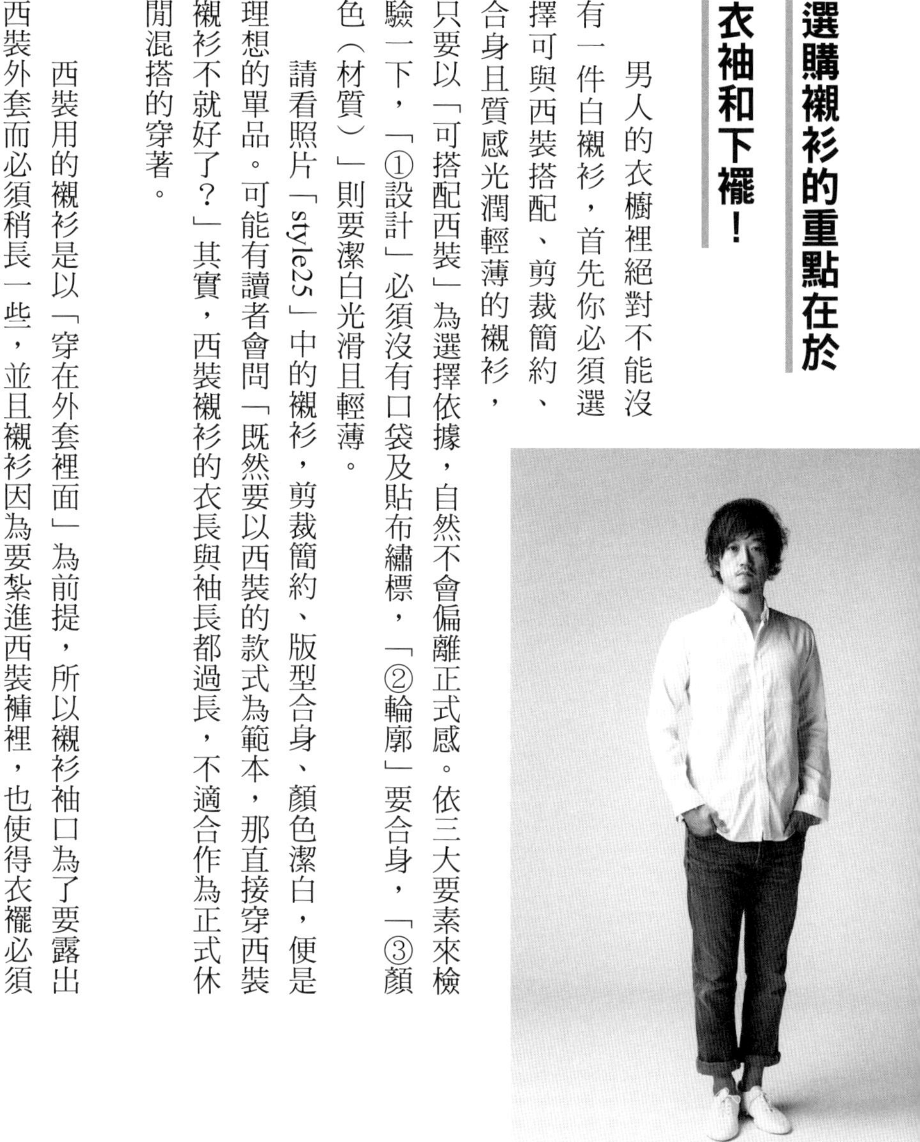

style25（P176）

略長一些。但「街著」通常都將襯衫拉出來，如果下襬、袖子太長就會看起來不合身、鬆垮。

下半身的部分，前文提過：服裝的印象取決於末稍部位。襯衫也是如此，下襬、袖口可以造成比較強烈的外在印象，肩寬和身寬反而不是考慮的重點。襯衫本身若無法表現出合身俐落的效果，就不符合正式感的原則，所以盡量選擇衣長稍短、袖長大約落在拇指根部的單品。

實際在店上選購襯衫時也要注意，即使店員從背後量出兩邊肩點距離，告訴你：「肩寬ＯＫ，這件可以喔」，也不一定保險，因為最重要的眉角還是在於襯衫下襬和袖口。

此外，不必刻意購買昂貴的襯衫，「style25」我所穿著的是，「UNIQLO」的白襯衫，只要下襬、袖口部位符合上述的要件，不需要購買昂貴的襯衫也能穿出時尚感。

像「UNITED ARROWS」大集團品牌的某些襯衫都符合「街著」使用，下襬及袖口也改良至最適當的長度，有些款式大約日幣一萬元左右以內就可入手了，想找比「UNIQLO」稍好一點的襯衫可以考慮這個品牌。

利用手邊現有的襯衫也能穿出時尚感的穿搭法，我將在本章後頭的【搭配篇】繼續為大家解說。

關鍵6【上衣篇】

挑選休閒感素面T的方法與搭配！

至於大家都喜愛的素面T或休閒T恤究竟有什麼挑選規則？雖然前文介紹西裝外套、襯衫時，曾教導大家要選擇「具正式感的單品」，但單靠正式感物件卻無法成功打造正式與休閒感平衡的「街頭Look」，還需要加入適當比例的休閒單品才行。

在正式、休閒中扮演休閒感角色的便是素面T，尤其是春、夏、秋三個季節，有一件素面T當作內搭將會非常實用。

先前第1章介紹「將穿搭要素加以鎖定」的方法，其中提到服裝3要素「①設計」、「②輪廓」、「③顏色（材質）」的「②輪廓」必須選合身版型，「③顏色（材質）」也須以黑白灰無彩色為主，即把其中兩要素鎖定為正式感。現在我們將這個規則也套用在素面T看看。

首先，檢視一下「①設計」。素面T沒有領子，樣式又類似汗衫，呈現一種隨性的氛圍，屬於休閒感單品。如果選擇高彩度、寬鬆版型的素面T，休閒感將更為強烈，所以必須把其中兩項要素設定為正式，即「②輪廓」要合身、「③顏色（材質）」要無彩色。選擇合身且無彩色的素面T可增添大人感，搭配自由度也會隨之提升。

而「合身」的標準，也和襯衫一樣，衣長要稍微蓋到臀部位置過短也不行，太短會令人注意到腰部的位置，腿的實際長度就原形畢露，為了隱藏腿的起始點，記得衣長盡可能稍微超過腰部的程度，袖子也避免過長，這樣挑選素面T就不容易出錯。

人對於看不見的部位，通常會自行想像、再加以補足。本章【搭配篇】將會繼續解說，如何分辨哪些部位應該加以隱藏、哪些部位應該露出來的方法，達到改善視覺效果的目的。

使用頻率高的素面T，買兩件三百的就夠實穿了！

素面T不用強調材質，因為使用頻率很高，不需要特別購買昂貴的，在後面「我最愛的單品」中有介紹UNIQLO短袖素面T（兩件組，日幣990元含稅，約新台幣330元），衣服長度與袖子都非常合適，黑白兩色都有，很推薦給大家試試看。

一般來說，我推薦大家準備短袖及長袖素面T，黑、白兩色各一件，總共四件最為理想。尤其萬用的白色T可作為內搭，應該毫不考慮就入手。

男性外套類的單品很多，買外套時不只是我，每位服裝採購都一面倒性的選擇黑色，市面上絕大部分的男性外套也幾乎都以黑色系為主，若內搭也是黑色，將會使搭配難度提高，所以建議以白色作為內搭，使變化使用上將方便許多。

素面T挑選開口適中的圓領衫！

素面T的挑選訣竅在於「領口」形狀，而V領、圓領、U領該怎麼選？領口緊繞、所有圓形領口的T恤都稱為圓領衫；而領口呈V字剪裁的是「V型衫」；領口呈U字的是「U領衫」；領口平直的則稱為「船型領（或一字領）」。領口是視線集中的重要部位，領型開闊的款式可露出頸部肌膚，看起來比較性感。V領雖然比圓領露出更多的肌膚，看起來更為性感，但凡事過猶不及都不好。

我們偏好「自然」和「不過於突兀」的感覺，若太過刻意的穿著或過分精心的打扮會讓人覺得虛假，時尚最重要的是不經意展現品味，如果能讓人以為「我對時尚不太關切，只是自然而然流露時尚的感覺」才是最高明的。

領口極度開闊或穿戴誇張的飾品，會讓人感到矯揉造作、不自然，如此便違背「街著」精神，反而像是舞台服裝了。

所以V領衫的直線條剪裁，反而會散發一種小題大作、裝腔作勢的感覺，喜愛穿V領衫的人，也請盡量選擇淺口V領為佳。

以這一點來說，圓領就屬於最為自然的領型。恰到好處的開口不但流露一點小性感，也不破壞整體比例。

而U領衫則因為開口較深，搭配上也不甚理想。所以還是以「少」為妙。

請參考照片「style12」的上衣領口，圓弧收領自然得宜，無論約會、聯誼想展現小性感時，選擇稍微低圓領或淺口V領都很適合。

style12（P.167）

選擇針織衫的方法與搭配！

說到針織衫，雖然讓人聯想到令人目不暇給的夏季針織衫，但這裡僅針對「可讓人看起來時尚」的單品加以討論。男性時尚最大的原則在於追求「正式&休閒的最佳比例」，那麼針織衫屬於正式感單品？抑或是休閒感單品呢？

事實上，針織衫和西裝外套、西裝襯衫同樣屬於較高階的正式感單品。這可從男性上班族在冬季外套和襯衫之間，會加上一件針織衫的穿法可以得知。和西裝搭配的針織衫必須是沒有花紋、樣式簡單、版型合身、帶有光澤感的素材並且是黑白灰色系才好。

這些條件都和前面的襯衫、素面T的原則吻合，唯一不同的是——織法。針織衫的織法密度分為三種：「Low guage」泛指所有的粗針織衫，它的織紋非常粗大，也常見許多帶有花紋的款式；「High guage」是高密度針織衫，織紋細密，乍看之下幾乎感覺不到織目，帶有光澤感；而「Middle guage」則介於兩者之間。

偏正式感的細針織衫最理想！

織目粗大的針織衫具有樸質與休閒感，織目細密的比較具有正式感，適用於西裝的內搭針織衫應該選擇高密度、具有光澤的細針織衫為佳。

雖然針織衫一向被認為是高單價的服飾，但只要注意以下選擇重點，就能找出具正式感的完美針織衫：「①設計」要素雅無花色且樣式簡單；「②輪廓」要合身；「③顏色（材質）」要無彩色（黑白灰）且高密度織法。

大家可參照第4章「ＭＢ嚴選の15款男性必備單品」中我所介紹的「tsuki.s」細針織衫（P197），不需要特意購買昂貴的，大約與「tsuki.s」同等級便已是水準之上。

此外，針織衫有許多材質，例如：棉質、亞麻、羊毛等等，亞麻透氣性佳適合春夏，羊毛保暖性高適合秋冬。

並非秋冬就不能穿亞麻衫，但以穿搭基本原則來說，春夏季節買的適合春夏穿，秋冬季節買的適合秋冬穿著。配合季節選擇適宜的材質才是王道，因為時尚的基本精神還是在於「順應自然」。

選擇外套的方法與搭配！

關鍵8【上衣篇】

只要關注時尚的男性朋友應該都喜歡利用大衣外套，展現非凡的時尚品味，在國外街拍裡也頻頻可見合身褲裝加長大衣的基本穿搭。然而，我卻經常聽到讀者反應「大衣好像不太容易搭配」或者「我身高不夠，穿起來反而更矮」的困擾。

事實上，因為身高不夠、體型比例不佳而感到自卑的人，更應該穿著大衣外套。

許多男性都會排斥大衣，即便擁有很多布勞森外套、夾克等短版外套，但對於大衣外套總是莫名心生排斥，我可以理解。實際觀察街上男性的穿著，的確短版外套占大多數，長版外套多半只有上班族才會穿。所以，若你懂得把大衣外套當作「街著」穿出門，必定能創造出與眾不同的自我風格。

大多數人懷有短版外套可拉長身形比例的迷思，但其實布勞森外套及短夾克反而更強調腰線，暴露身材缺點，我會在後頭說明改善的方法。反觀大衣外套才是能完全遮蓋腰際的好物，不但不張揚長身短腿的缺點，也比布勞森外套、短夾克搭配性更高，容易穿出時尚感。

那些因為身高不夠、身材比例不佳而排斥大衣外套的人，其實問題不在於身高或體型，而是做了錯誤的「下半身」搭配。

穿著大衣的唯一規則相信大家已經明白，那就是——選擇合身的下半身。僅此一點，不容妥協。

大衣外套穿搭法要以輪廓「Y」為主！

大衣外套已讓上半身分量感十足了，即使是窄版大衣，其面積也比短版外套來得多，所以使上半身極具分量感。事實上，「②輪廓」並非僅靠肩幅、身幅的寬窄來決定，也受單品「面積的多寡」影響。

許多人喜歡利用窄版大衣，認為可以套用上窄下寬的輪廓「A」，而選擇寬鬆的下半身搭配，但這卻是非常容易失敗的搭法。即使是合身外套，但因其長版的關係，外套占整體面積很大的比例，有時外套敞開在人的視覺感受上，分量感變得更重，結果造成更強烈的印象，一旦上半身產生膨脹感，便不可能符合輪廓「A」。

我們知道基本三大輪廓「I」、「A」、「Y」可以美化男性穿衣比例，既然上身已具有分量感，那麼穿著合身大衣時應該套用「I」、「A」、「Y」哪個輪廓呢？答案已經呼之欲出，就是輪廓「Y」！既然上半身面積已經很大了，下身自然得盡可能地合身窄縮。

當然也還有其他輪廓，寬鬆下半身也能和長大衣營造出帥氣感，我也曾用運動褲搭過西裝長大衣的經驗……但並不好看。分量感上衣搭配分量感下身，即使對於擁有完美體型的外國人來說，也算是極高難度的搭配法。

因此，我們終究還是得遵守可營造理想穿衣比例的「I」、「A」、「Y」三種輪廓。

所以大衣外套的搭配鐵則便是，下半身必須是緊身褲或者窄版褲型，請大家務必切記。而「窄版合身下身」的原則如同本章【下身篇】（P62）所詳述的內容。

只要依照下身搭配重點再加上大衣外套，就能打造令人驚艷的成熟大人感。新手最需要的不是標準版的外套或布勞森外套，而是先添購一件大衣外套來完成冬日時尚。

關鍵9【小物篇】

配件依照「整體」與「末梢」的比例適度點綴！

時下有許多品牌越來越重視男性飾品，有些男生經常把喜歡的飾品通通戴在身上，有人特別鍾愛「ChromeHearts（克羅心）」這個品牌，會將它所有的飾品：戒指、項鍊、手鍊、腰鍊……全部叮叮噹噹地往身上戴。

的確，銀飾品都是出自師傅手工心血打造，常讓人愛不釋手，但這些飾品的「各自完成度」與「整體呈現出來的效果」卻是大相逕庭，時尚感不是靠單品決定，必須考慮整體協調性。

此外，時尚必須以「自然的外在觀感」為大前提。假若透露「我看起來帥爆了吧？」這樣宣示性的意圖，會給人虛假造作、廉價的感覺。

這麼一來，飾品的存在就變得很矛盾，會變成「沒有必要佩戴」的物品。以服裝來說，在功能上具有防寒保暖的意義，但飾品卻不具有功能性。佩戴飾品的目的在於裝飾與打扮，本來就容易引人注目，尤其是閃閃發亮的銀飾品，更是恣意耀眼。因此我們得思考，如何讓飾品在最低限度的存在感下，仍保有加分效果。

首先建議的部位是——短袖下的手腕。手腕是身體的末梢，也是容易集中目光的部位，既然引來了目光卻空蕩蕩沒有任何裝飾，多少透露出單薄的感覺。如同穿著長袖與短袖兩者的差異，照鏡子檢視便一目瞭然，當手腕空無一物，給人分外空洞冷清的印象，如果戴上一條簡單的手鍊，整體感頓時變得完整，有畫龍點睛之效。我自己就經常佩戴「wakami」的手鍊（P199）。

思考整體與末梢的關係，培養平衡兩者的能力，就能為整體造型加分，但嚴禁因為喜好而把它們全部戴在身上。尤其是光彩奪目的銀飾品要盡量減少，請時時謹記：自然低調便是美。

男性的飾品夢幻首選——amp Japan！

許多藝人私底下非常喜愛佩戴「amp Japan」的飾品，它也頻頻躍上各大雜誌版面，是很受歡迎的飾品品牌，除了它再也沒有任何一家飾品這麼值得我推薦了，這麼說可是一點也不為過！

基本上，飾品的裝飾和細節越繁複就越價值不斐，「amp Japan」其中項鍊的部分從數千元到上萬元都有，比較平價的大約日幣四千多元即可入手，通常這種價位不太會有複雜的裝飾，但「amp Japan」的飾品卻宛如歐洲古董般精巧別緻。

一般我們以為，製作飾品大概都是由工廠大量製造吧，但「amp Japan」的製作工序卻和一般工廠大異其趣，以傳統工藝為基底，藉職人之手一件件打造出高品質的成品。

另一項特色是：「amp Japan」有許多以十字架或聖母像等古代形象為題材的設計，例如天主教宗教飾品之一——聖母聖牌項鍊，都非常忠實的呈現原味。此外，「amp Japan」的項鍊也經常可見十字架的設計，但它卻有別於一般十字架哥德式浮誇造作的風格，反而透露一縷古老的風韻，你甚至懷疑它是不是古董。

所有風格、服裝乃至於飾品都有其淵源，若無視於此隨意製造出來就不是時尚的精神，但確實有些品牌把天馬行空創造出的作品稱之為「創意」，大搖大擺地在市面上販售。然而，所有細節應該富有深刻內涵及歷史根源，遵循傳統打造出的作品才能呈現自然風格、充滿真誠。

時尚最前線的巴黎時裝展當中，各大精品名牌也經常舉辦類似「以〇〇年代軍事風為題」或「以〇〇年代馬術風為題」的發表秀，皆講究從傳統中衍生出產品概念。

▲十字架只有21mm大小，精巧別緻。

時尚文化橫跨了數百年的歷史，設計之所以為「設計」皆與歷史背景有深刻連結，唯有承襲過去優良的風格脈絡，從中加入創意才能真正賦予作品生命力。

對於每個物件盡可能忠實呈現傳統精神是非常重要的，尤其飾品設計的自由度比服飾來得更寬廣，隨心所欲創造出來的飾品往往容易流於陳腐、落於俗套。

「amp Japan」時時思考著時代意義，對於每個配件皆秉持著真誠的態度製作。

彷彿滯銷商品般的氛圍，僅需日幣數千元的價格就能擁有，彷彿挖到寶一般，每每令人驚豔不已。我也擁有許多「amp Japan」的飾品，每件都是令人愛不釋手的精湛之作。

更令人玩味的是，我從不需特別保養這些它們，銀飾品即使沾染了灰塵、氧化生鏽，反而更適合它。忠於原味、宛如古董般的外觀，越經使用越發顯出它仿舊的美感，使其價值昇華到另一層境界。

我再不厭其煩的叨絮幾句，如果要找小飾品，我強力推薦「amp Japan」，全因為它古樸雋永的質感及不造作的個性。

腕錶是男性必須講究的配件！

飾品的存在並非具有絕對功能性，說起來，它算是「不自然」的物件。但手錶不一樣，它具有報時的功能，基於這個目的性，手錶才應該是值得大家好好學習如何佩戴的自然裝飾品。

手錶和前面的飾品一樣必須避免過度的裝飾感，不妨選擇經典的款式。最具代表性的勞力士機械式腕錶符合這個條件，但機械式手錶大多動輒日幣二十萬元起跳的價位，不是人人都能輕鬆入手的物件。

我向大家介紹外觀經典、價格實惠的品牌「Daniel Wellington」。它是2011年崛起於瑞典的腕錶品牌，2012年日本開始見到它的蹤跡（台灣已上市），除了亞洲之外，也深受全球時尚人士喜愛。

上網搜尋一下「Daniel Wellington」商品就會發現，它徹底屏除繁複的設計，堅持極簡的外觀設計，散發著猶如祖父傳承古老傳家寶的氣質，不造作的個性令人一見傾心。

它不是名貴的機械式腕錶，而是具有休閒感的石英錶，也有各式色彩繽紛的錶帶，但我很推薦皮質錶帶，價格約莫落在日幣兩萬元左右。新款有藍色的秒針，極具年輕時尚感，比起價格數倍以上、充滿裝飾性的知名品牌腕錶更具成熟內斂品味，衷心推薦給大家。

圍巾是修飾身材的必備單品！

披巾和圍巾是除了夏天之外，任何季節都非常實用的超強小物，因為它是最容易利用視覺效果改善體型的配件。

披巾和圍巾所造成的視覺原理，主要是利用最靠近臉部距離的優勢，只要有一點點存在感就有變小臉的效果，同時還能均衡全身比例。

偶像少女不是也經常有「把手靠近臉部」的姿勢？觀察一下偶像團體AKB48的照片可以發現，拍照時總是有幾位女孩喜歡把手往臉部靠近。

此外，女生在拍照時常在臉上比出「YA」的手勢，潛意識裡應該也認為這麼做能讓臉變小吧。

圍巾占據整體面積比「YA」的手勢還大出許多，產生的視覺效果更顯著，像圖片「style14」、「style15」中那樣具有分量感的圍巾不但具有小臉效果，也能修飾體型。因為頭部大小比例會直接影響全身平衡感。

style14（P169）

理想的披肩應該盡量選擇尺寸大一點，通常是四方形，邊長至少一百八十公分的為佳。顏色黑色的最好，因為黑色及暗色系具有收縮效果，為了讓臉變小，盡量選擇有收縮效果的黑或深色披肩。

通常在男性服飾裡較難找到價格親民的深色大披肩，不妨可到平價時尚服飾店，例如「ZARA」的女性配件區裡找找看。

披巾或圍巾原本就沒有區分男用或女用款式，可愛又繽紛的花色另當別論，否則一般的黑色大披巾都可以男女通用。如果是「ZARA」的話，一件兩百公分大的披肩約莫日幣兩千元左右，你可以在這裡找到質感良好、不會有廉價感的厚織披肩。

style15（P169）

關鍵10【搭配篇】

「末梢」是視線集中的部位，常有畫龍點睛的功效！

本書強調過，衣著的印象由末梢決定，頸部、衣襬、袖口等末梢處是視線集中的重點部位，這些地方會影響全身比例。時尚界常把這些部位稱作「三首」，末梢「三首」就是指「頸部（首）、手腕（手首）、腳踝（足首）」三個部位。

例如：穿短袖時露出的手臂有種淡淡的寂寥感，只要戴上手錶就能改善。短袖比長袖露出手臂的部分更多，手臂大部分肌膚赤裸裸的展現出來，只要戴上手錶整體印象便截然不同。因為手腕是視線容易集中的部位，只要加入一點改變就有畫龍點睛的效果。

此外，下襬寬大的靴型褲和下襬緊縮的窄管褲所造成的印象也截然不同，即使腰圍、腿圍尺寸相同，但只要下襬寬度不同，就會產生完全迴異的視覺效果。

這樣會自然引起注意的「頸部、手腕、腳踝」三首是所有末梢部位中最為重要的地方，也是影響整體比例的關鍵。

善用「頸部、手腕、腳踝」展現男性魅力！

「頸部、手腕、腳踝」是四肢中最細的部位，臉部及軀幹最細的地方是頸部，手臂最細的地方是手腕，腳最細的部位是腳踝，只要把這些最細的部位露出來就能展現性感魅力。

經常留意「頸部、手腕、腳踝」，對於改變外在形象很有助益。首先是手腕，無論是穿著襯衫、休閒衫、針織衫時，可以把袖子隨意反摺，這麼做可以露出手臂線條，頓時流露自然的率性魅力。大家不妨以其中一隻手臂試驗看看，把上衣袖子捲起來，比較一下兩隻手，捲起來的那邊是不是充滿了男子氣概？不可思議吧！工作洽談或餐會中，有意無意地把袖子往上微微捲起，可以擄獲異性的目光，好感度會瞬間提升。

接下來是腳踝。我們可以將褲腳往上捲起，也許你會問：既然要露出腳踝，直接穿短褲不就好了？但短褲露出整雙腿，會分散對腳踝的注意力，因此，唯有將長褲捲起來才能讓人注意到微露的腳踝，展露自然帥氣魅力。

最後是頸部。這個部位會因為領口的形狀使印象有所差別，開口梢大的領型比收口領型來得更性感些，出席聯誼場合脫掉外衣時，如果內搭是件開口略寬的素面T，就可以展現內斂的男人魅力。

圖片「style16」是精算出性感度而搭配的範例，請配合前面所提過的重點驗證一下。

前文說明了末梢與男性魅力的關係，接下來針對末梢與輪廓的關係再深入解說一下。是哪些因素決定了「窄身的輪廓」呢？一般人會認為是：胸寬與肩寬，但如同我們前面一再討論的，衣襬及袖口才是影響末梢的部位。前面【下身篇】也曾提過，只要褲腳出現多餘布料看起來鬆垮沒型，就會破壞窄身的感覺，給人鬆散沒精神的印象。這是末梢影響整體感的典型示例。

所以反向思考，只要把末梢變俐落了，全身就能顯出俐落的感覺，以下再提供幾個圖例讓大家參考。

style16（P170）

時尚的細節在末梢──（1）錐形褲！

許多人認為自己中年體型穿不下窄管褲，或者不喜歡窄管褲的束縛感，其實我年過三十之後小腹微凸，也即將步入穿不下窄管褲的年紀了。

即便如此仍然有解決之道，如前所述，即使腰身及腿圍略微寬大，只要褲腳的部分還是收縮的，仍然能營造俐落顯瘦的效果。

請看看實穿圖「style12」，我身上穿的褲子乍看之下有修身感，剪裁也很漂亮，但仔細一看，其實它的Size很寬鬆。看一下腰身就可以知道，這件褲子確實十分寬鬆。

「style02」更為明顯，這件我穿的是哈倫褲，髖部不可思議的寬大，但從膝部以下到褲腳卻驟然縮窄，褲腳幾乎和窄管褲一樣細。所以全身完全沒有過於鬆垮的印象，反而具有俐落的大人感。

style02（P162）

style12（P167）

這樣的褲型稱為「錐形褲」，是我們這些中年大叔的好朋友。所謂的「錐形褲」是指越往末梢越細的意思，髖部及腿圍雖然寬大，但褲腳縮窄，視覺感受上和窄管褲同樣都有顯瘦俐落的感覺。

因體型關係無法駕馭窄管褲的人，請務必嘗試錐形褲，相信也能穿出和窄管褲相同的修身感。

另外，即使不特別添購新褲子，利用手邊現有褲子也能創造出錐型褲的方法，那就是「捲起褲管」。

時尚的細節在末梢──(2)捲折褲管！

可以讓手邊的褲子變身錐形褲的方法就是──捲起褲管。請比較一下「style18」「style40」兩張圖。

這兩張圖所穿的是同一件褲子，「style18」刻意將褲子穿得很邋遢，而「style40」的褲子則有收縮變窄，印象截然不同。

這便是利用了前面說過的「三

style18（P172）

首」和「錐形褲」的概念。腳最細的部位是腳踝（足首），而錐形褲的褲腳很細，就算腰圍比較粗也和窄管褲有相同的修飾效果。

根據這點，即使你的褲子不是錐形褲版型，只要把褲管捲起來，也有變修長的效果，就算你的褲腳又鬆又垮，一旦捲起褲腳讓腿最細的腳踝露出來，就會看起來比例好又有精神。

style40（P186）

近年來，翻開所有時尚雜誌或是走在街上，無論男女老少，這種捲起褲管的手法可說是大行其道，也許是因為周遭許多人都這麼做吧？也許是照鏡子一看覺得這樣穿還滿帥的，於是大家就這麼捲起了褲管。

雖然捲起褲腳對整體輪廓多少有些破壞，但它的好處是，因為褲腳變細了，所以造成比例延伸的感覺。流行是有道理的，沒道理的話，就不會變成流行了。

像「style40」的西裝褲是UNIQLO的羊毛混紡直筒褲，雖然不是高單價商品，但褲管捲起來的線條非常好看，作為「街著」，輕易就能展現時尚線條，是非常實用的單品。

「顯瘦又增高的輪廓」是有原因，「好看」裡存在著「好看的理由」，只要明白輪廓及版型的原理，即使不花錢，運用小小技巧也能改善比例，錐形褲、捲起褲管就是如此。

此外，不用捲起褲管，用修改的方式變成錐形褲也是一個方式。將手邊現有的褲子送到附近的衣服修改店，請修改師將褲長改短，如果你的褲子版型已經很合身，僅僅只需改短1公分，印象就能大幅獲得改善。修改費依每家規定有所不同，大約日幣兩千～四千元左右，把家裡又醜又土的褲子加以改造一番也不失為一個好方法。

圖「style36」的褲子是已經修改過的，不但長度改短了，版型也改成錐形褲的樣子。雖然有些服飾店會告訴你：這樣會破壞原來的版型，勸你放棄修改，但我買的褲子有一半都會拿去修改，褲腳長度也依照我的需

style36（P183）

求作了改變。像UNIQLO的窄管褲、羊毛混紡直筒褲都是改短1～2公分的結果，版型也變得更加完美。

除了褲子之外，將上衣的袖圍改小，或修改外套領型、把衣寬改小（請參考圖「style23」），只要習慣修改衣服，把家裡的衣服拿出來改成你需要的尺寸或感覺，就能讓一度沈睡的衣服再次復活起來。

至於修改長度需要靠經驗法則，不知道怎麼改比較好時，可以詢問修改師傅，或是利用我電子雜誌上的「Q＆A專欄」，上傳你的衣服照片，我會提供回覆。

時尚的細節在末梢──(3)捲折衣袖

接下來仍然是讓衣服起死回生的方法之一，捲折衣袖。

請看實穿圖「style45」「style33」「style37」，襯衫、軍裝外套、黑色外套這三種不同款式的衣服，都把衣袖往上折起來。

衣服的印象取決於末梢，如果你覺得這件上衣怎麼穿都怪怪的，請趕快到鏡子前面檢查一下袖子吧！

style45（P189）

春天或秋天的襯衫打扮，我通常都會捲起袖子露出手腕（想特意展現寬鬆印象時，我會把袖子推上去）。如前所說的末梢「三首」，露出手臂最細的手腕部位，對於提升時尚指數有加分的效果。

照片「style33」的軍裝外套，是法軍實際使用的軍服。它原本並非為時尚穿著所用，而是考量執行任務時的活動方便性，所以臂圍非常寬鬆，試穿時還沒有捲起袖子，簡直是醜・翻・了！

一旦捲起了袖子，露出末梢細細的手腕線條，就算手臂再怎麼粗，也會意外的好看，肩寬或衣寬也比較不令人在意了，整體感也變得穩定又協調。

style33（P181）

style37（P184）

圖「style37」的外套尺寸其實是XL，UNIQLO的XL對我來說非常寬大，仔細看會覺得身寬與肩寬過大，幾乎相當於oversize，但我捲起了袖子，就呈現俐落修身的感覺，當然照片絕沒有經過任何加工。

另外，照片「style10」T恤的袖子往上反摺一折之後，很明顯的比原來的袖子更緊、更合身了。T恤會顯得土氣通常是因為袖型不佳的緣故，家裡如果有一些不好看的T恤，不妨試著折起袖子看看，印象頓時會有所改變。

除了T恤外，手邊如果有不合身的衣服，穿起來總是不協調，就把袖子捲起來吧，只要稍微捲起袖子，手臂就有顯瘦的感覺，輪廓老氣的衣服也能一秒變時尚。

當然寒冷的季節這麼做就未必適當，也顯得不太自然，請根據季節加以調整。

style10（P166）

下半身進階顯瘦又增高的穿搭法！

關鍵11【搭配篇】

接下來我要進一步說明，如何利用最基本的單品「下半身衣物」來調整全身比例。

首先是短褲的穿搭法。我經常接到讀者有這樣的問題：「褲子買回來，穿起來總覺得哪裡怪怪的」，短褲最大的問題就是容易顯得幼稚，這對於掌握「正式與休閒」的平衡一向是致命的要因，也頗為棘手，如何破解「幼稚感」成了短褲穿搭最大的關鍵。

為何短褲會讓人看起來幼稚呢？裡面有很多因素，但最大的原因是——短褲會讓人看起來變矮。

尤其東方人的短腿比例、體型就像小孩一樣，這個問題如果不改善，就會和時尚漸行漸遠。這並非針對短褲而言，只要是會讓腿變短的單品，無論怎麼穿比例還是不協調。

一般長褲可以有效的營造「模糊褲子與鞋子界線」的視覺效果，但短褲再怎麼努力也無法模糊褲子與鞋子的界線。

請看照片下圖「style13」，我就是天生的超級長身短腿，我永遠無法忘記高中時測量「座高」時，我總是遠遠矮於其他人，當時我的內心十分受傷。（座高指坐位姿勢時，頭頂和軀幹的長度，可用來得出腿身比）。

但下圖「style13」這張照片是否感覺不出長身短腿的缺點呢？你是否也覺得「其實看起來也還好，沒有所說的那麼短嘛」？

事實上，比我短腿的人應該很少吧？但我看起來沒那麼短的原因：是我掌握了「穿短褲仍能讓腿顯得修長」的三大法則，那就是：①選擇膝上短褲（捲起來不超過膝蓋也ＯＫ）、②絕對不可看見襪子、③絕對不可露出明顯的腰線。

style13（P168）

三大法則，讓短褲也能穿出好比例！

首先是「法則①選擇膝上短褲（捲起來不超過膝蓋也ＯＫ）」。為什麼要選擇膝上短褲呢？這是為了讓腿露出的面積盡量變多，對於穿著短褲的人，我們會從哪裡判斷腿的長度呢？直覺上都是以目視「腳露出的長度」來判斷。

想當然爾，短褲和鞋子之間肌膚無所遁形的部分，便是腿的長度，露出面積的多寡將被認知為腿的長度，所以露出的部分越多越好。試試看穿著「過膝短褲」比較一下，是不是穿「膝上短褲」的腿看起來比較長？

「style27」穿的是膝上短褲，乍看之下，雖然不至於覺得腿長，但至少腿短的缺點不那麼引人注意了吧。（雖然仔細看還是短腿男……）

穿衣服給人的第一印象就等於全部。我們不可能實際拿尺來測量腿長，因此只要第一眼印象看起來ＯＫ就行了。而膝上短褲能夠發揮掩飾缺點的作用。

style27（P177）

但是如果你的短褲都是過膝的話怎麼辦呢？很簡單，將它往上反捲，捲至膝上部位即可。

「style26」的捲法便是歐美人經常使用的技巧，國外街拍中，有很大的比例會出現膝上褲或捲到膝上的短褲，歐美人穿著時裝的歷史比較長，自然而然培養出這樣的sense。

style26（P177）

「沒辦法，外國人就是腿長嘛」，請停止負面思考，往好的方面想、保持信念加以努力，就會避免和時尚漸行漸遠。即使外國人天生腿長，他們仍舊保持意識整體比例的習慣，充分展現自我特質。抱怨會成為進步的阻力，如同工作術和讀書方法，時尚也是如此，找到正確方法就能改善身材缺點，停止負面想法，從勇於接納自我開始。

接下來，我說明一下第二個法則「②絕對不可看見襪子」。如前文所述，要盡可能放大腿部露出來的面積，為了貫徹這個原則，穿短褲時絕對不能讓襪子露出來。這麼要求是為了讓腿看起來更長，「style26」「style27」便充分示範了不看見襪子的視覺效果。

我在穿短褲時，也完全不會讓襪子露出來，這不是偶然而為，而是為了讓全身比例更好。

也許大家認為「不穿襪子會流汗，也很悶熱」，這點請放心，凡事總有解決的法寶！

那就是隱形襪。這是一種外觀看不出來的超級短襪，在UNIQLO可以找得到，也稱之為「船形襪」。由於女性經常要面對如何讓身材線條變好的課題，所以隱形襪是她們非常熟悉的單品；意外的是，男性幾乎都不知道有這樣的好物。UNIQLO的船形襪三雙日幣一千元即可入手。

請注意，配合運動鞋穿的「腳踝襪」由於長度不是落在腳踝附近，最好還是選擇看不見襪頭的船形襪比較理想，無論穿哪一種鞋子都希望大家能確實遵守，例如：穿著低筒鞋、褲管捲起露出腳踝時，只要露出襪頭，即使只有那麼一點布料，也會讓腿長的視覺效果大打折扣。襪子除了特殊狀況需要外露之外，其餘場合一律要徹底藏起來。

最後一點，便是「③絕對不可露出腰線」。只要看到腰部位置，腳的長度從哪裡開始將一清二楚，尤其是穿上容易造成短腿的短褲時，若上面是短版上衣，將會使腰部位置更加明顯，暴露腿的實際長度。所以，穿著短褲時應該搭配稍長的休閒衫或襯衫（要蓋過腰際）。

如同前文（P119）「style13」照片中的範例，搭配稍長的襯衫或休閒衫，遮住腰部位置，不僅讓人無法辨視腿的起始點，照片中所搭配的膝上短褲，更讓人產生「大腿根部的位置好像比實際腰部位置還要高」的錯覺。

如果上衣是休閒衫，也請選擇略長過腰際的。還有許多襯衫是圓弧形下襬，前、後擺的長度也超過腰際，所以用「襯衫配短褲」的穿法來遮蓋腰線頗為理想。以正式與休閒比的角度來看，短褲屬於休閒感單品，如果像範例「style21」使用具正式感的白襯衫，會比休閒衫更容易達到整體均衡感。

讓俗氣的丹寧褲起死回生！

每個男性都擁有的時尚單品絕對是——藍色丹寧褲，擁有至少十件以上丹寧褲的人想必也不計其數吧！但我相信其中應該有很多版型不佳、色落導致太過休閒、或躺在衣櫥裡不穿的褲子吧！讓我來告訴大家，如何讓這些沉睡的褲子起死回生。

style21（P174）

照片「style24」、「style25」（P124）這兩件原本是淺色Indigo布料且版型略寬的丹寧褲，雖然平常穿起來很不容易穿得好看，但我一直以同一種穿法穿到現在。

這件丹寧褲版型略寬，無論怎麼看都是休閒感單品，以服裝三要素檢視：「①設計」是丹寧褲↓偏休閒感，「②輪廓」略寬↓偏休閒感，「③顏色（材質）」淺藍↓偏休閒感，簡直是土氣三連發，不管搭配什麼正式感單品也無法達到平衡感。

因為褲子本身的「①設計」、「③顏色（材質）」已無法加以改變，那麼我們試著改變最後一個要素「②輪廓」吧。

依照前面介紹的褲管捲法，讓腳踝露出來，原本土氣的輪廓可以藉由變

style24（P176）

style25（P176）

成錐形褲而立即得到改善。

捲折的重點在於摺幅要盡量越窄越好，摺幅越寬越不好看、也格外顯眼，會過度集中視線，摺幅窄一點比較不會引人注目，也會減低矯揉造作的嫌疑。

另外，褲腳往上折到九分褲的高度即可，時尚的禁忌就是「過多」。只需稍微捲起褲管就能夠營造出十分良好的輪廓，最後再利用上衣和鞋子來加以平衡。

當然，休閒感的丹寧褲必須搭配上正式感的物件，春、秋兩季建議可以用白襯衫搭配細針織衫等正式感單品，如前所述，記得襯衫的袖口不可太過寬鬆。

此外，在夏季穿著裡，T恤的休閒感總是令人揮之不去，夏天的正式感單品可以試試看 polo 衫或是夏季針織衫。

由於丹寧褲「③顏色」已經是藍色了，其他物件則必須要搭配基本色（黑、白、灰），請複習一下第一章黃金準則③的色彩搭配重點，當採用「基本色」或「基本色＋一跳色」就能顯出正式感。

鞋子的部分也不能大意，為了提供正式要素，鞋類建議可選擇皮鞋，「style24」是黑鞋、「style25」是白鞋，黑色有時髦感，白色則給人柔和的印象，在理解原則與準則的前提下，可以進行這樣的微調。

讓打入冷宮的衣服再度找到新生命，把「②輪廓」加以改變是很容易的，無論是捲起袖子或褲管，利用改變末梢的方式，使整體比例變得修長纖細。若是休閒感單品就利用其他物件補足正式感，時時考慮整體的均衡感加以搭配。

除了上述的原色丹寧褲作為範例之外，其他像是已經不穿的連帽外套或格子襯衫等，也能依照這個邏輯讓舊衣重生，躺在衣櫥裡的許多舊衣其實很多都「還算有救」。

運動褲如何穿出時尚？

運動褲作為「街著」已逐漸被大家所接受，但一不小心還是會讓人以為你把睡褲穿上街。不過，只要善加搭配一定會被奉為時尚高手，以下的技巧請大家一定要好好學起來。

運動褲的穿法其實並不難，它不會跳脫前面提過的一大原則和黃金三準則。首先是大原則「正式&休閒的平衡點」，因為運動褲純粹是休閒感的單品，以服裝三要素「①設計」、「②輪廓」、「③顏色（材質）」來說，運動褲要穿出正式感，「②輪廓」要窄版，「③顏色」必須要是基本色（黑白灰）。

只要將這兩個要素設定為正式，運動褲的搭配度將瞬間躍升。窄版是指褲型要選擇錐形剪裁，或是將衣櫥裡的運動褲利用捲起褲管的方式露出腳踝也是一招，展現末梢的纖細感。

接下來是要素「①設計」，運動褲的正式感只能將寄望在其他單品上，照片「style28」就是利用正式感單品：襯衫、皮鞋來平衡運動褲的休閒味。這件褲子有完美的修身感，選自於UNIQLO的女款運動褲。其實找運動褲時我特意挑選UNIQLO的女生款，價格也十分親切，試穿時雖然不好意思，不過請別猶豫一定要試試看喔。

style28（P178）

灰色也屬於無彩色之一，灰色運動褲實在很容易和睡褲聯想在一起，所以上衣不能選擇最基本款的白襯衫，而是大膽的選用黑襯衫。黑襯衫在男性時裝中屬於拘謹嚴肅的單品，它強烈的正式感遠遠超越白襯衫，搭配窄管丹寧褲時會蒙上一層晚上在哪裡兼差的氛圍，但是它和運動褲或工作褲等極具休閒感的單品卻十分合拍（請參考「style44」實穿圖例）。如果你手邊的運動褲是黑色，就用白襯衫來平衡一下吧。

根據這一點，再確認一次搭配結構，在嚴謹的氣氛中，運動褲提供了恰到好處的休閒感，在緊張感中增添了輕鬆感，讓整體造型的正式與休閒得到了完美的平衡。

正因為運動褲是休閒感極度強烈的單品，所以其他搭配物件必須完全傾向正式感才有平衡效果。

白褲子看起來不自然，不易搭配！

我之前曾建議大家下身最強單品是「黑色窄管丹寧褲」，為什麼白色褲子就不行呢？我來告訴你這其中的道理吧！

人的感官會順應自然法則，「重力」便是其中之一。人類習慣於「重物向下沈，輕者往上浮起」的原理，色彩的性質也是如此，暗色感覺沉重，亮色感覺輕盈。

在日本有個小故事，某宅配公司把自家深色的貨運紙箱改為明亮的白色紙箱之後，不僅送貨員的工作效率提升許多，業績也翻倍成長。箱子的重量並未改變，僅僅只是箱子顏色變淡了，視覺感受也變輕盈了，搬運貨物時也產生了輕快順暢的錯覺。

服裝搭配也是相同的道理，「重物往下、輕者往上」才是最符合自然的原則。

當下身穿著白色褲子時，就會產生不自然的違和感，穿衣得體最基本的原則就是：下身及鞋子盡量是黑色或深色系。白子褲子並不是不好，只是在搭配的難度上卻意外的高，這是事實。

即使在第三章「50種潮男の示範LOOK」裡，我也只在「style11」示範了唯一的一款白褲子穿搭法。大家還是暫時先以黑色窄管褲為基本的下身單品，畢竟「上淺下深」比較合乎自然的視覺感受。

關鍵12【搭配篇】

利用最強視覺效果的穿衣輪廓，掌握修飾身形的訣竅！

我們知道穿搭的基本輪廓有「I」、「A」、「Y」三種，但是要修飾長身短腿的體型，還有另一種最強的進化版輪廓。

之前為大家解說過修飾身材的技巧有「錐形褲」與「遮蓋腰線位置（短褲）」兩種穿搭組合，而基本3種輪廓之外，還有另一種方法大家可以善加利用的那就是——輪廓「O」。

style10（P166）

遮掩缺點的最強輪廓——輪廓「O」！

前面提過，穿衣服要隱藏腰線，你會認為：「穿著一般的褲子再搭配長版上衣就可以啦」，但是長版上衣，會讓衣服占據全身太多面積，產生過多分量感，必然會變成輪廓「Y」。

如同右頁「style10」一樣，即使是合身版T恤但因為是長版的緣故，使上身多了膨脹感，當上半身分量感一多，就必須採用輪廓「Y」，這樣下身勢必得穿窄管丹寧褲，但有些人腿部粗壯，或中年體型的人不喜歡穿著太貼腿的窄管褲該怎麼辦？「錐形褲」便是最佳的選擇。

錐形褲雖然版型較為寬鬆，但和窄管褲一樣有越往末端（腳踝）越縮窄的特性。

雖然原本上衣和下身都是寬鬆的，屬於不甚理想的輪廓，也不符合三大輪廓中的任何一項，但版型寬大的錐形褲，把視線集中到褲腳緊縮的纖細腳踝上，它巧妙的打造了「上身寬鬆，下身卻看似緊縮」的輪廓。（實際上下身確實屬於寬闊版型）。

這個縱向橢圓結構有如雞蛋一般圓潤，我將它稱之為輪廓「O」。請看左圖「style11」、「style12」，略長的上衣遮蓋了腰部位置，修飾了體型，而下半身帶有寬鬆感的褲子雖然占據了一點分量，因其窄縮的褲腳，產生了修長的結構，平衡了整體感。

請看左邊照片「style11」、「style12」，略長的上衣遮蓋了腰部位置，修飾了體型，而下半身帶有輕鬆感的丹寧褲雖然占據了一點分量，因其窄縮的褲腳，產生了修長的結構，平衡了整體感。

這是可以避免「為了藉寬鬆衣物修飾缺點，而變成水桶身材窘境」的輪廓穿搭法，對於想要改善身材線條的東方人來說，好好應用這個方法將成為你穿搭上的一大利器。

style11（P167）

style12（P167）

身材偏瘦穿對T恤就很時尚！

在國外時尚街拍中，經常可見到像「足球金童」貝克漢那樣，單穿一件白T就帥到翻的畫面，歐美人壯碩健美的身材真是讓人羨慕不已。

的確，肌肉壯碩的人穿上素T就能完全展現手臂線條，散發男性粗獷特質，但東方男性的手臂大多都很貧弱，單靠一件素T往往撐不起氣勢。不過請放心，我有辦法能讓手臂看起來變得比較壯碩。

試著回想一下，蔚為風潮的泡泡襪曾經掀起一股流行。細長雙腿之下陡然變得厚重、鬆垮的襪子看起來既邋遢又土氣，為什麼當時會造成一股大流行呢？

style06（P164）

style04（P163）

事實上，泡泡襪也是利用視覺效果。高中女生喜歡穿著鬆垮垮的泡泡襪，一坨皺褶布料產生的分量感和自己的小腿形成對比，讓雙腿看起來比較細，當然她們並非刻意要製造這樣的視覺效果，而是照鏡子發現這麼做原來可以讓腿變細，再加上青春可愛的感覺，所以泡泡襪的風氣才蔚為一時。

男性穿著T恤就和泡泡襪的原理相反，也就是說，有分量感的寬鬆袖口會讓手臂看起來纖瘦；而袖圍緊繃、袖長較短的T恤，則會讓手臂看起來更加健壯。

「style04」便是典型範例，照片中所穿的T恤袖子又窄又短，彷彿是因為手臂肌肉壯碩而使得袖子變緊，殊不知這僅僅是因為袖子又窄又短而造成的錯覺。

我的身形不算壯碩，手臂也比較瘦，雖然還不似歐美人般健美，體型倒也不至於太單薄或分量不足。

我們可以直接利用泡泡襪原理，照片「style06」裡的T恤袖子又長又寬，和手臂形成明顯對比，使得手臂線條看起來比較細瘦。

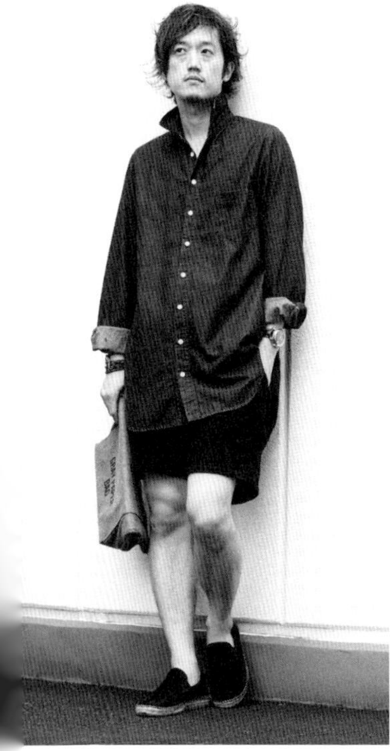

style13（P168）

再對照一下「style04」感覺是不是差異非常大？如果想展現壯碩感就穿窄袖，想顯瘦就穿寬袖，改變穿搭方式就能呈現不同的視覺感受。

善用領口修飾臉型！

前面【小物篇】圍巾及披巾的篇章裡，我曾解析過在臉部附近加上某些元素會有小臉及修飾體型的效果。不過經常有人問到：冬天可以善用這個穿搭技巧，但到了夏天還能如法炮製嗎？

的確，夏天雖然會推出透氣性佳的亞麻材質披巾，但在炎熱的季節裡頸部圍著一件布料畢竟是頗不自然的舉動，連穿一件T恤都嫌熱了，若刻意在脖子上圍圍巾，從功能的角度來看，實在很不合理。

那麼，既然夏天不能圍圍巾，臉部周圍要加點什麼呢？我建議大家不妨把領子稍微豎立起來。

▲太刻意的立領顯得不自然。

▲隨興的反折才是能修飾臉型。

很多人認為「襯衫比素面T更適合這麼做」或「襯衫比較有時尚感」，依照對前文的理解，我們可知襯衫是比素T更具正式感的單品。除此之外，素T和襯衫的差異在於「領子」，比起脖子附近空無一物的素T，襯衫更能達到讓臉型變立體，因此很多人都認為修飾臉型襯衫會比素T更為合適。

因此修飾體型、輕鬆提升時尚度的單品就是襯衫，如果想加強臉部線條修飾的效果，不妨試試「style13」的方法，將領子後緣稍微豎起來。

但是並非什麼領子都得豎起來，再提醒一次，時尚貴在「自然」的感覺，由於立領這件事沒有功能上的目的，僅單純為了改善視覺效果，所以一旦做得太誇張，會給人刻意、俗氣過時的感覺。

如同作為配件的腕錶有其配戴的必要，搭配上也要時時刻刻意識自然的感覺。那麼，領子該如何營造出自然的修飾感呢？

重點在於領子要小，並且要營造出好像是隨意豎起來的樣子。豎起來時，嚴禁覆蓋太多頸部肌膚，角度也不能太過死板。此外，豎起來的領子外緣要稍微往外翻會比較自然。

夏天的polo衫有很多較窄版的領子，能夠以自然的狀態豎起，夏季就靠豎起polo衫領子讓臉變小吧。

改變內搭衣的長度提升穿搭質感！

想模仿型男店員身上穿的外套，結果買回來卻完全不是那麼一回事……，究竟是這件外套不適合我？還是穿法不對呢？我認為，除非衣服本身有很大的缺失，否則沒有所謂「好看」、「不好看」的問題。

如同本書不只一次的告訴大家「黑色窄管褲是萬能不敗的單品」或是「只要黑色褲子搭配黑鞋子，一路黑到底的穿法就能讓下半身產生一致的感覺」，大家只要照著這些規則操作，大部分的上衣都能成功搭配得宜。

決定外套搭配是否成功的另一個關鍵在於——內搭上衣。外套底下搭配白襯衫或簡單的素T大致上沒什麼問題，如果說這麼搭配還是感覺很奇怪的話，有可能很大部分的問題是出在——內搭上衣長度太短了。

尤其是穿著短版外套時，大家很容易有個誤解，認為內搭上衣要比短版外套短，這麼一來，馬上就暴露了腰際的位置。

style22（P174）

日本和服就是依照日本人的身材條件，而使用「直線形剪裁」，有別於充滿複雜線條的「洋服」，和服能夠完美修飾我們先天體型的缺點，所以和服是最適合日本人穿著的服飾。

所以，如果要利用短版外套隱藏長身短腿的缺點，內搭上衣就必須比外套長一點，例如：前一頁的照片「style22」便是典型範例，只要上衣下襬比外套多出一點點，腿看起來就較為修長，比例也變得協調。稍長的上衣和短版上衣兩相比較，兩者的差異將顯而易見。這一點十分重要，請容我詳細解說一下。

視覺效果有兩種，首先，利用「障眼法」模糊腰線可以提高視覺腰線、讓腿變長，藉著略長的上衣，使腰部位置模糊難辨。因此，腿從哪裡開始、身體從哪裡結束讓人摸不著頭緒。如果穿著短版上衣，腰部位置很明顯，容易讓人發現長身短腿的事實。

再者，是短版外套的長度和略長的上衣的相對關係。內搭稍長的上衣可

▲上衣短，腰身明確。

▲上衣遮住腰身，比例協調。

與短版外套形成層次對比，外套較短，乍看之下會有上身軀幹較短的「錯覺法」，所以使整體比例看起來很完美。

如果你覺得外套穿起來好醜，請先別將它打入冷宮，不妨試試看將裡面的內搭換成比外套稍長的上衣，必定會有不一樣的感覺。

不要淪為歐巴桑的「針織衫披肩」穿搭法！

最近幾年在電視或網路頻頻可見「開襟針織衫披在肩膀上」的討論話題，這是1980年代流行的針織衫披肩式穿法，最近很多年輕人也搭上這股流行復古風。但是對我們這一輩的人，對於這種穿法，腦海中只浮現歐巴桑經常披著粉桃色針織衫的畫面，還屢屢成為被揶揄的對象。

事實上，針織衫披肩造型的好處很多，但要怎麼披才不會老派過時？請大家一定要

style19（P172）

style42（P187）

學學看。請先看看照片「style19」「style42」兩者都是針織衫披肩式穿搭法，可以為樸素單調的上衣增色不少，像「style42」的基本白T加素色黑褲這樣基本穿搭中，肩膀披上一件開襟針織衫作為點綴，頓時就有畫龍點睛的效果。

我還是要不厭其煩的說，穿搭的本質不外乎——平衡感，只要掌握絕佳的正式與休閒的平衡感，平淡無奇的衣服也能穿得很出色，不需講究多餘的裝飾，或特別引人注目的風格。

許多人以為「時尚＝標新立異」，追求時尚的人喜歡特立獨行的服裝風格，光彩奪目的裝飾品、鮮艷的配色，寧願有圖案也不要素色，強烈先入為主的思考模式，而且凡事要跟人家不一樣才覺得時尚。

但是，所有誇張的設計絕對會偏向休閒感，因為正式感總是具有「素色、簡約」的特質。休閒感則是花俏、裝飾性較高。請特別注意，花俏又引人注意的特質會使休閒感加重，容易成為失敗穿搭的主因。

另一方面，正式感穿搭通常都是基本款且造型素雅，確實遵守素色無花紋、版型合身、基本色系（黑白灰）的規則，偶爾想變換一下心情時，可適度利用針織衫披肩穿搭法畫龍點睛，就能大大拓展穿搭的廣度。

以往披肩式穿搭法為人詬病的原因在於，大家經常使用花俏的襯衫或顏色鮮豔的針織衫，讓針織衫披肩變得十分引人注目，難免讓人產生很刻意、

「很有事」的感覺。披肩衫不是主角，只是點綴在整體造型中的小小調劑，所以避免引人注目及不經意的隨興感才是最重要的。以「主從關係」來說，針織衫披肩屬於「從」的角色。

一旦「反從為主」就會感覺不自然，顯得老派。自然簡單就是美，這是不變的道理。

如同照片「style42」利用基本黑白灰色系或淺色針織衫，不過分引起注意的單品才是搭配正解，這個搭配組合中，簡潔的素T和窄管褲藉著淺色針織衫披肩使原本單調的造型中多了一點變化，對於厭倦素色單品穿搭的人來說，提供了剛剛好的亮點。

此外，針織衫披肩的位置剛好在臉的周圍，不但可襯托臉部、增加立體感，也有修飾體型的效果。

針織衫披肩穿搭法可和「style17」一樣，在胸前打一個單結；或和「style19」一樣不打結，直接將袖子垂放在胸前也OK。打單結畢竟還是有點刻意，所以最好選擇素色的淺色開襟針織衫。若仍然覺得有排斥感，就乾脆不要打結，隨意披在肩上營造自然不造作的穿搭感。

即使如此，也不需要特意添購新的開襟針織衫，很久沒穿的灰色針織衫或長袖素T就足以應付，只需要隨意披上的小技巧就能產生煥然一新的感受，大家不妨嘗試看看。

關鍵13【搭配篇】

選擇CP值高的包款與西裝！

這個單元要為大家介紹搭配難度較高的包款與西裝。

首先是包包，根據不同場合有不同的考量，但這裡先以「街著」使用的包款加以說明。

從一開始到現在，我根據穿衣邏輯介紹了許多次窄管丹寧褲的穿著，不過很可惜的是，窄管丹寧褲的口袋無法容納錢包和手機，所以男性朋友外出時，必須另外再帶個包包才行。

包款的選擇可以有很多，例如：肩背包、後背包、托特包……等，但我最推薦的是不會影響整體搭配的「信封型手拿包」。

由於手拿包可以拿在手上，不會影響服裝風格。而掛在肩上的肩背包，由於體積較大，容易引起注意，需要特別費心考慮整體平衡感的問題。

當短袖T恤配短褲這樣的休閒造型時，如果使用皮革肩背包也容易破壞平衡感（雖然有些時候會把背包作為整體點綴使用）。

而後背包、登山背包等雙肩背的款式，比單肩背包的休閒意味更為濃厚，需要正式感更強烈的物件才能加以平衡。另外，相當受男性歡迎的斜跨單肩背包，由於背帶斜跨在身上，更直接對整體穿搭產生影響。

另外，托特包、波士頓包等手提式的包款，搭配上雖然沒有肩背包或登山背包那麼容易出錯，但托特包的「縱向」及波士頓包的「橫向」都占有一定的面積，仍然必須善加兼顧搭配的均衡性。

輕便、搭配性高的入門包款——手拿包！

關於這一點，手拿包占了很大的優勢，只需隨意拎在手上或以手托著，如同拿著報紙或書本般輕鬆自然。從材質表現來看，平常穿著短袖時，如果搭配「皮革」波士頓包會感覺太過沈重；而體積輕巧的皮革手拿包則完全不會有這個問題。

此外，如果是厚重的大衣搭配「帆布」包，會流露廉價感；而帆布手拿包則完全不會破壞全身均衡感，它彷彿腋下夾著報紙、或拿著便利商店買的雜誌般輕便，能優雅地融入在你的造型裡。

style45（P189）使用款

曾經是老爸那個年代大家所熟悉的多功能手拿包（second bag），為什麼又再度在大街小巷流行起來？近來正吹起一股1980～90年代的復古風潮，翻開《Men's non-no》雜誌可以見到 Air Max 90、Supreme Box Logo T恤、A.P.C.未加工牛仔褲、超寬鬆運動長褲……等等1980～90年代的流行元素一個個強勢回歸的趨勢。

這股趨勢一路紅到今年，並且有持續延燒之姿，2015年的秋冬發表會也能看見類似西裝大衣等80年代的經典單品，或是90年代輪廓的流行元素也紛紛出籠。

而設計簡潔大方的手拿包，並不會隨著流行腳步改變，是搭配度很高的配件。雖然各大品牌有感於1980～90年代的日本經濟泡沫化，於去年推出許多金光閃閃的商品，但最近也開始回歸簡約的風格。

就像照片「style31」、「style37」一樣，一只手拿包即可輕鬆完成有如手拿檔案夾般隨興的造型，無論夏、冬，一年四季都可廣泛使用，容易搭配且實用度高。

style31（P180）

手拿包另一個充滿魅力之處在於它的價格十分可親，沒有肩背包、後背包那麼複雜的構造，也沒有多餘細節，外型輕便簡潔，僅靠皮革拼接及拉鍊展現時尚品味，所以很適合作為入門包款。

許多皮革材質的手拿包不到日幣1萬元就能夠入手，有意添購新包包的人可以考慮這種不似肩背包、後背包會影響穿著風格的單品作為日常穿搭的配件。

我最推薦「SUIT SELECT」西裝外套！

接下來為大家介紹西裝，以及擁有最高CP值的西服品牌。

那就是，日本知名設計師佐藤可士和先生擔任設計總監下誕生的「SUIT SELECT」。

在拍賣網站及品牌logo都可以窺見「SUIT SELECT」充滿佐藤式風格及其硬底子設計功力，西裝本身均衡完美，並充滿令人驚豔的精緻輪廓。

style37（P184）

「SUIT SELECT」的西裝分為「Black Line」和「Silver Line」兩大主軸系列，可以充分享受極緻輪廓之美的便是「Black Line」。

大家不妨就近到店上試穿看看，穿上的瞬間一定會大為讚歎。你會對這樣的品質竟只需一點點代價就能擁有而感到驚訝，尤其是有如精美傑作的腰身剪裁。

西裝的腰身稱為「shape（外觀腰線）」（外觀腰線不等於實際身體腰線），大部分西裝外套的腰身都會採取精準的合身剪裁，這個曲線位置決定了腰的高度，外觀腰線越高，腰部位置看起來越高，腿看起來也越修長。

反之，外觀腰線越低，腰部位置越低，腿就越短。然而，不見得腰線越高越好，如果為了拉長腿部線條而過度提高腰線，看起來缺乏自然流暢之感，比例也不正確。

但是，「Black Line」的西裝在胸廓前方保留分量感，同時適度加高腰部曲線位置，使腿部比例自然延伸。並將兩側口袋斜開，在細節利用立體剪裁雕塑身型。

更令人讚賞的是，它的袖襱剪裁極為合身，甚至在袖口稍微採取喇叭狀設計（袖口稍寬）。因為袖口敞開，加上袖襱較小，使手肘與腰部間自然產生了空隙。

端詳鏡中的自己，一般西裝手肘和身體間都會有空隙。簡單來說，手臂越細，相對空間就越大；但如果過於緊繃，就會破壞整體比例。而「Black Line」西裝外套特別講究「空隙」部位的剪裁，因此使用稍窄的袖襱，再加上利用反向思考設計而成的微寬袖口，使袖身呈現自然弧度，創造腰身與手肘間的空隙。透過精算過的袖身剪裁，整件西裝美不勝收。

除此之外，其他細節部分也特別下了許多工夫。

雖然「SUIT SELECT」旗下只有「Black Line」和「Silver Line」兩大系列，感覺有些單薄，但這我們可以理解，因其在細節的處理特別講究，如此高規格的堅持是其他西裝都望塵莫及的，所以更顯彌足珍貴。

鼓起勇氣買一件日幣10萬元的高級西裝也好，日幣5～6萬元的設計師款也好。即使是設計師款也能找到「面料光滑細緻、平整毫無皺折、剪裁合身，甚至強調正式感」的優秀西裝。

假使預算上沒那麼寬裕的年輕人，「SUIT SELECT」是值得考慮入手的選項，即使平價也有十二分的滿足感，特別是想找一套西裝可以作為正式場合（成人式）穿著的人，請務必要嘗試看看。

▲手肘和身體的空隙十分完美。

關鍵14【搭配篇】

為搭配傷腦筋時，先回到原點！

本章的最後，我想就【搭配篇】的觀念為大家解說一下造型穿搭的基礎是什麼。

從一開始讀到這裡，相信大家應該能夠認同「黑色系乃是穿搭的捷徑」吧，但一般人對全身黑色感到鄙視應該因為大部分的宅男喜歡黑色系打扮吧？所以認為從頭到腳都穿黑色會看起來很土、很Low，這樣的認知究竟從何而來？讓我為大家逐一分析其中的原因吧，順便將前面學過的內容再複習一遍。

時尚新生的安全牌——全身黑！

首先，一般人認為「穿全身黑太容易了」所以感覺很Low。你問我黑色穿搭究竟簡單還是困難，確實，它很簡單。很多人會說：「這誰不會啊？」或「全身黑很無趣、保守又沈悶」，但反過來看，就因為它是「人人都會的萬能穿搭法」，正好特別適合初學者按表操課。

請回想一下之前學過的「正式感」：黑色西裝褲加黑色外套，如果是西裝三件套，連西裝背心都是黑色的，所以「全身黑色系」穿搭法無疑是濃縮了正式穿著的概念。如果否定了「全身黑」，是否也否定了正式穿著的正當性了？正式感穿搭不會因為「最容易搭配」而變得庸俗土氣，如此質疑的人，通常是穿搭中級班。如果仔細推敲一下，會發現之前想法並不正確。

第二，因為「全身黑實在乏善可陳」，所以很土。全身紅或全身藍便是華麗或花俏。但先前我們曾經提過，花俏不等於時尚；當然，樸素也未必等於時尚。

因此，花俏或樸素不是影響你看起來是否時尚的因素，樸素也能穿得很時尚，花俏有時也能有時尚的感覺。聽起來好像是歪理，但卻是事實。

「我不喜歡樸素，我就愛引人注目！」對於這樣的人，我會在後頭教你們一些訣竅，即使全身黑也不會沈重無聊，這需要技巧，端看你對於穿搭這件事是否用心下了工夫。

最後一個原因，「因為很多宅男都愛穿全身黑」，所以很土。這應該是最多人的心聲吧！確實，日本秋葉原有許多黑衣男，經常穿著黑色防風外套搭配Dunlop黑色運動鞋，連背包也是黑色的。

顯而易見的是，這些人看起來很宅很俗的原因不在於色彩搭配，而是「單品的選擇」上有問題。假設不是「全身黑」而是「全身白」呢？是否看起來會比較時尚？我們不能倒因為果，不明辨因果就會看不清事物的本質。

那麼，我們先反過來看看「黑色系穿搭」有什麼好處？

首先，（1）「黑色會趨向具正式感」。上下黑是正式穿搭的配色法，在休閒感單品組合而成的穿搭中，只要運用上下黑的配色，就會看起來有正式感。例如下圖「style03」雖然是黑色圓領T恤配丹寧褲、花襪子的休閒組合，但整體呈現出精實簡練的感覺。這是因為全身以黑色統一而產生了正式感，即使簡單的T恤也能穿出大人感。

假設把這件黑色T恤換成紅色，就會一秒變休閒。在同樣的「①設計」之下，僅僅將「③顏色（材質）」改變，能產生迴然不同的差異。如果想營造大人感，上下黑的配色法可以得到非常好的效果。

第二個好處是（2）「輪廓的修飾效果」。全身黑色有縱向延長的效果，可以讓整體呈現俐落的感覺。身材微胖或是比例不

style03（P162）

佳的人，只要藉著黑色產生的視覺感受，都能獲得良好的修飾。

黑色是最強烈的收縮色，所以能夠使外觀有緊縮、顯瘦的效果。平常穿著休閒的人一旦穿上西裝會突然變得帥氣十足，是因為合身的服裝讓人的縱向比例拉長，整個人變得簡潔精練的緣故，和黑色緊縮的視覺效果是類似的原理。

最後是（3）「搭配簡單」。不管怎麼樣，反正上下都一樣就對了（笑）。沒有任何一個顏色比黑色更萬能了，黑包含了所有顏色，也不會和其他顏色打架，無論白色、綠色、藍色、褐色，它與任何顏色都能相容。以色彩感受來說，只要是上下黑，內搭衣物不論什麼顏色都能夠互相match。以對比面積來說，任何鮮豔的顏色都能被黑色收服，真是不可思議，這就是黑色的魅力，這麼省事方便的特性怎能不善加利用？

那麼，黑色系穿搭必須注意哪些重點呢？

首先第1點，因為是正式感穿搭，所以必須加入適度的休閒感元素。呼應前面學過的「掌握正式與休閒比例」，相信大家應該能夠舉一反三了吧，因為這是男性時尚最重要的大原則。

全身黑是正式感穿搭，所以一定要在某個地方加入休閒感元素才算是「街著」，那麼是「①設計」？還是「②輪廓」？或是「③顏色（材質）」呢？只要任何一個要素定為休閒感，就能降低全身黑的正式感，也是黑色系穿搭中必須時時考量的重點。

接下來第2點，因為是簡單樸素的穿著，所以必須在某個部位加上變化。我給想要脫離初學者行列的人的建議是：加入白色元素。白與黑，明與暗，黑、白是完全對比的顏色，只要在黑色裡加入一點白色元素就會有提亮的效果。

如果使用藍色、綠色等帶有色感的元素會加重休閒感，也容易因使用面積多寡造成比例失衡。由於白色歸類在偏正式感的「基本色（黑、白、灰）」裡，所以在為造型加入重點時能夠避免比例失衡的問題。左圖「style14」原本看起來平淡無奇的黑色系穿著，一旦在視線集中的腳踝部位（末梢「三首」）加入一點白色，整體立即有了亮點。

如果覺得全身黑的打扮太無趣，想加點什麼，不妨把白色放在最容易引起注意的地方：衣服的末梢或身體末梢部位（三首），即可瞬間改變印象。

例如：黑色窄管褲加黑色針織衫時，把白襯衫穿在針織衫裡面，只要將白襯衫的下襬露出一點點，就足以產生畫龍點睛的作用。白色與黑色對比的特性可以為服裝搭配增加亮點，所以正式西裝的內搭襯衫幾乎都是白色系。

正式服裝的極致典型——西裝，不只是輪廓、設計，連細節都講究全套的規範（西裝三件套），我們並非刻意選擇白色襯衫來搭配西裝，而是前人歷經不斷嘗試所獲得的經驗，才逐漸演變成現代西裝穿著的典範。

style14（P169）

經典款是時尚的基礎！

大家對於穿搭的基礎應該已有某種程度的領會了，但多少對於有設計感或流行感的單品還是念念不忘吧。

舉個例子，假如今年白色正式感襯衫很熱賣，隔年廠商不但繼續販賣相同單品，還會推出「同款異色」的新商品，甚至會推出一些改版，例如：變化口袋或鈕釦等細節上的樣式、將基本領型加以變化、將短版變長版、秋冬版厚磅材質……等各種版本的衍生商品，等這個週期結束，會再繼續把目標瞄準下一個流行趨勢，期待下一個觸動人心的商品。

這個現象在高級精品名牌也屢見不鮮，雖然還不至於是「第二泡的茶，了無新意」，但各家廠商為了追求銷售量，就會持續不斷推出暢銷產品的衍生商品，不只是時裝業，其他產業也都是如此。

以襯衫為例，隔年推出不同色系的衍生品，下一年略微「調整細節」再次推出，隔一年則再推「材質」不同的商品……。差不多到了第三次改版就會和原創品有所不同，喪失了原版品的優點和品質。

因為布料狀況不可能每年完全相同，即使以相同原料製造出來的衣服也會有些微差異，因此不能確保每年生產出來的產品品質可以始終如一。

況且加工品要維持相同的品質通常也有困難，當材質與加工品質改變，就會影響成品的顏色。甚至有些需要水洗加工的衣料，會因「縮率（布料因水洗而產生不同程度的收縮）」而產生變數，衣服的形狀也會發生變化。

如果依照布料的品質調整打版方式呢？基本上布料的生產和樣版製作是分開進行的，甚至大部分都在不同廠家分工完成，事實上確實無法面面俱到，這是業界真實的情況。

如果每年不斷推出新的改版品，原創品的魅力將逐漸消失，雖然並非全然否定衍生品的存在，但許多衍生品的品質不甚理想是不爭的事實。

第2章，提到大家應該擁有的第一雙運動鞋款時，我曾經向大家推薦過「CONVERSE ALL STAR」帆布鞋，不過非常抱歉，我認為「CONVERSE ALL STAR」是創造衍生商品最典型的例子。

CONVERSE有許多用「小聰明」設計出來的商品，例如改變顏色、改變樣式、改變材質、小部位加工、細節調整……缺乏概念與原創性的商品過於浮濫，毫無節制的翻新、生產衍生品，僅有簡單的想法無法保證產品的品質與完成度。

然而，CONVERSE眾多鞋款裡，只有「ALL STAR系列」素面帆布鞋能與各種風格搭配，具有原創經典的實力，無可取代且經得起考驗。

原創經典款之所以成為經典必定有其原因，它保有自我核心價值，雖然經典款未必就是一切，但至少「經典款不會偏離正道」，因為它不受當下潮流影響，所以如果穿搭陷於苦惱時，就回歸到經典款找答案吧。

相對於老招牌的「經典」，設計、穿搭方式亦有其「經典」，唯有理解原創經典價值，時尚才能得以展現，只靠衍生商品是行不通的。

如同有「運動鞋的勞斯萊斯」美稱的「CONVERSE ALL STAR」，軍裝外套也是一樣，唯有不玩弄手法的設計、保有原創風格的實品才是最令人著迷的。還有，無論是滾紅邊或刺繡標誌圖案的Polo衫，都敵不過原創正宗的Lacoste經典Polo衫。所以不可一味追逐衍生品，不受流行定義的原創經典才是時尚的捷徑。

平價品牌UNIQLO也能穿出時尚感！

相信大家應該已經將穿搭法與理論式搭配技巧記在腦海裡了，會不會有人感到疑問：「只要學會方法論，即使平價的UNIQLO也能穿出時尚嗎？」只要穿上UNIQLO走在馬路上也能讓人多看兩眼嗎？

依照本書的理論來看，如果你認為：「只要遵循搭配邏輯，雖然品質和版型都很大眾化的UNIQLO也能穿出時尚」這樣的想法應該算是合乎邏輯，但事實上，UNIQLO有很多服飾品質都相當不錯，版型漂亮的款式也不在少數，「便宜也有好貨」！

為了方便起見，UNIQLO通常被歸類為「平價快時尚服飾店」。事實上，它是慢時尚。所謂快時尚的代表應該是指世界成衣品牌H&M或是ZARA。

快時尚品牌的特徵在於其革命性的生產機制。傳統一件衣服從開始企畫、設計、生產到店頭陳列，大約至少需要三個月甚至更長的時間，但快時尚大約三週以內就能完成整個流程。並不是一畫完設計圖就馬上移入生產線，為了確保布料供應商和外包廠的縫製品質，整個生產過程通常由數十家甚至數百個廠家負責（全球化外包模式）。

必須和廠商配合進行各項準備、整合生產鏈及配送管理；然而，H&M或ZARA快、很、準的超高生產效率令人咋舌。

傳統成衣製造業的問題是「從企畫到生產相當耗費時間」，有訂單需求時若無法馬上供貨將會有嚴重的風險。若季中接收到「今年白色鞋子會大賣」的訊息，立刻開始著手企畫、設計，往往這一季就要結束了。

快時尚的優勢就在於此，從設計、生產、出貨僅短暫的時間，只要有需求就能迅速供應商品，擁有快速因應市場變化的能力，這是革命性的經營模式，許多傳統品牌受到快時尚擠壓已經是普遍的現狀。

我們再回到UNIQLO的話題。

事實上UNIQLO和快時尚應該算是涇渭分明，作風完全不同。UNIQLO商品的研發時間和H&M、ZARA或其他品牌相比，是出了名的「慢」。歷經漫長的時間不斷進行企畫、研發、設計就是為了生產「長銷型定番品」，所以堅持固有的作業模式。舉例來說，「Flece刷毛」系列是UNIQLO的經典熱銷商品，不受流行趨勢影響每年都有固定的銷量。還有喀什米爾針織衫，都是打破行情的超值商品，同樣也是無關流行與否每年固定生產，每每都搶盡了賣場鋒頭。

不僅要成為獨一無二，經年累月不斷開發消費者長久喜愛的商品是UNIQLO堅持的理念，因此UNIQLO的商品，整體上來說是「慢時尚」還更為貼切。

在這樣的理念及生產模式之下，UNIQLO的品質與款式數量竟保持著驚人的高度規格，製造出10歲～60歲都能穿著的各種服飾，雖然他們家的服飾常被認為是不好不壞、普通平實的大眾化商品，但其中屢屢出現了不起的暢銷傑作。

無論是上一章介紹的「窄管丹寧褲」，還有第4章「MB嚴選の15款男性必備單品」中介紹的「Supima Cotton圓領T恤」都是經典之作。

運用這些優秀的單品加上穿搭巧思，即使是UNIQLO也能穿出高度時尚的感覺。

下一章我將以具體的實穿照片為您解說快時尚的穿搭法，可以體現本書與我經營的部落格《KnowerMag》中所闡述的「不用花大錢、不須傷腦筋、不必趕流行」的理論。

UNIQLO的衣服，不需要花大錢就能入手，閱讀本書，你不需要任何穿衣品味，請跟著我進入下一章，就能輕鬆達成變時尚的願望。

How to make your style

50種潮男の示範 LOOK！

chapter 3

服裝搭配的方法！

本章我將介紹50種穿搭範例並輔以文字解說，每個範例分別以「基本型」、「分量感」、「輪廓型」、「小臉效果」、「大衣示範」……標題區分，並依據大原則和黃金準則挑選服裝，把理論式的男性時尚利用穿搭實例來幫助大家理解。

7：3正式休閒混搭的基本款穿搭！

這是利用「西裝正式感加減法」示範的基本穿搭。呼應第1章所說的，正式與休閒的最佳比例是「7：3」，在取得平衡感時，如果全身標準西裝穿著當作「10」分的話，那休閒感就設定為「3」分。

比方說，春夏的西裝穿著裡，正式襯衫搭配西裝褲、皮鞋，整體以「10」分為基準，首先把西裝褲改成黑色窄管褲，加入一點休閒感。然後把褲管往上捲、露出一點襪子的黑白豹紋圖案，利用在頸部、手腕、腳踝最容易引人注目的「三末稍」部位，特意露出活潑圖案，增添休閒感。

因為這件UNIQLO白襯衫的袖子有點寬鬆，我把袖子稍微捲起，看起來更加合身俐落。袖口的細節比衣寬、肩寬，更可以影響整體形象，所以只要稍微捲起袖子，即便是普通襯衫也能穿出時尚感。

白色襯衫／UNIQLO
白色坦克背心／Attachment
黑色窄管褲／Nudie Jeans
黑白豹紋襪／Happy Socks
黑皮鞋／Lounge Lizard

用輪廓加入「3分」休閒感，展現高段穿搭技巧！

這是給少數穿搭高手的穿著範例。分析一下搭配原則，「①設計」是西裝褲搭襯衫、黑色短靴，「③顏色（材質）」屬於基本色加上一個跳色，具有非常嚴肅且正式的氣氛，只有「②輪廓」是休閒感。不過這張照片有點看不清楚，圖中的褲子是哈倫褲，褲襠留有餘裕；襯衫也是oversize；袖身也比較寬鬆。

若整體以基本西裝「10」分為基準，這個範例便是靠「②輪廓」提供休閒感。「10」分正式感可以利用①設計加以破壞，增加休閒感，也可利用②輪廓、③配色增加休閒感。這個範例便是變換「階段式穿搭法」中需要鎖定的「項目」（鎖定三要素裡其中兩項要素）所做的搭配方式。

利用末梢的花襪子，提升黑色系穿搭的質感！

使用黑色T恤完成的基本穿搭。上下黑令人聯想到西裝的配色穿法，腳下的黑皮鞋帶有些微正式感，和「style01」一樣，在視線集中的腳踝露出花襪子的圖案，增添休閒感。先完成正式嚴謹的造型，然後再藉著露出腳上花襪子這樣簡便、不費事的手法，就能馬上扭轉樸實單調的印象。

意外的是，很少人會使用這個方法，請務必嘗試看看。順道一提，襪子是瑞典品牌「Happy Socks」的豹紋款，日幣1500元就能入手，價格平實，各式圖案也令人會心一笑，小心看到喜歡的款式會像中毒般一穿上就深深的愛上它（笑）！

基本型

style 04

難搭單品原色丹寧褲的最有型穿搭法！

這個範例因為正值夏季，乍看之下充滿休閒感，但仔細一看，正式感的安排可是一點也不馬虎。原色丹寧褲休閒感十足，一向是非常難搭的單品之一。首先，「②輪廓」是合身的，「③顏色（材質）」是基本色加一種跳色，以這樣的方式達到正式感的平衡。接下來「①設計」因為是夏天，如果穿襯衫和皮鞋感覺非常拘束，所以上衣選用的是UNIQLO「Supima」圓領T，但也不忘記用黑色營造合身感，袖子很貼合，領口也稍窄。

鞋子用西班牙草編鞋取代運動鞋，褲子盡可能選擇窄身版型，因為這些對於提供正式感和拉長身形都有幫助。由於全身變得更修長了，即使露出視線容易集中的足踝，仍留有一點休閒的味道，不過還算在可容許範圍內。最後，手腕的手鍊很有加分效果，將宅男的氣氛一掃而空，多了成熟大人感。如果要帶包包的話，手拿包會是很好的選擇。

黑色圓領T恤／UNIQLO
坦克背心／Attachment
原色丹寧褲／Lounge Lizard
麂皮草編鞋／gaimo

光澤感oversize白T
為正式感加分，
也讓丹寧褲質感加分！

這個穿搭與「style05」反其道而行，是把上衣分量感放大，很多人都認為夏天穿著比較沒有變化，但只要改變衣服輪廓就能產生迥然不同的效果。原色丹寧褲的「①設計」及「③顏色（材質）」都是休閒感oversize的白T則是「①設計」和「②輪廓」是休閒感，這樣必須在其餘要素上增加正式感才行。

所以白T的「③顏色（材質）」我選擇具有光澤感的面料，才能使T恤的休閒感減低，正式感躍升。大家平常應該已經有很多普通的白色T恤了，擁有一件具光澤感的白T作為平日穿搭會非常實用，像「style29」的白T和西裝外套就很合拍。

對於樸素的造型感到厭倦的人，我不鼓勵一味的走花樣或彩色風格，靠改變輪廓就可以了。例如利用「輪廓A」使上下身分量改變，即使是相同的搭配結構也能產生不同印象。

這個造型一樣是黑白條紋上衣加西裝褲十分普通的搭法，但我們把下身的分量感增加，上衣選用合身版型，如此做輪廓上的改變，雖然條紋T恤是休閒感單品，但因為採用的顏色是基本色，條紋也是細的，所以可以營造優雅大人感。服飾店裡經常可見到一些寬度較粗的黑白條紋，會讓休閒感放大，要特別小心。

正裝大膽的搭配郵差包，打造休閒感「A」輪廓！

有點合身的外套，加上稍微寬鬆的褲子，打造出具平衡感的秋冬輪廓「A」，「①設計」和「③顏色（材質）」採用西裝上下黑色系穿法，具有正式感，休閒感要素則以白色內搭加進來，包包大膽使用帆布材質郵差包。

此外，因「②輪廓」是「A」輪廓，稍具有休閒感，整體看起來呈現趣味的平衡感。像在國外也經常見到黑色長大衣與棒球帽同時出現的情況，這樣的穿搭平衡技巧絕非歐美人的專利，只要合乎道理就能成立。此外，內搭可說是UNIQLO經典商品代表的「Supima圓領棉T」，兩件日幣990元的價格令人驚喜。

黑色圓領T恤／UNIQLO
灰色工作褲／Discovered
白色運動鞋／Adidas

水洗帆布郵差包／Kazuyuki Kumagai
黑色夾克／Kazuyuki Kumagai
白色T恤／UNIQLO
黑色褲子／Kazuyuki Kumagai
黑色短靴／Kazuyuki Kumagai

工作褲＋合身T恤，讓美式休閒變得有正式感！

乍看之下，這個採用輪廓「A」的美式風格穿搭，是不是隱約散發著正式感？在寬鬆的工作褲加T恤的標準美式休閒風裡，因為「①設計」極具休閒感，所以我選擇類似西裝褲光澤的灰色工作褲讓「③顏色（材質）」往正式感靠攏。而美式休閒的基本班底一運動鞋，我特意選擇最簡單的純白款式，即使T恤搭工作褲、運動鞋的組合，整體卻非常有質感。

這個範例說明了只要在材質選擇上多用心，即使是美式休閒穿著也能展現正式感。此外，輪廓「A」必須上衣夠合身，下半身驟然開闊寬鬆，才能營造上下對比的效果。

愛好休閒風格的人，利用整體檢查正式感部位！

和「style 09」一樣屬於輪廓「Y」的街頭感造型，一般年輕人都會利用誇張的飾品和運動鞋作為穿搭要素，但時尚不能只看局部，而是整體均衡感，即使是印花T恤搭配後背包，只要把「③顏色（材質）」設定為基本色系就不至於太幼稚，別忘了將「①設計」、「②輪廓」、「③顏色（材質）」任何一個要素往正式感靠攏。

切記，輪廓「Y」要成立，下身必須為合身窄管褲，褲腳千萬不能過長使足裸處產生皺褶。還有，露出腳踝時千萬不能看見襪頭，只要稍微露出一點點就功虧一簣。

輪廓Y

黑色帽子／Kijima Takayuki
白色圓領運動衫／Discovered
黑色窄管褲／Nudie Jeans
黑色便鞋／無印良品

style 09

用正式感色系，讓街頭風變身大人感！

要打造輪廓「Y」得讓上衣具有分量感，春夏季節特別常在10～20歲的年輕人身上看見街頭風格，然而，街頭風格不表示就要穿得很邋遢，一般的休閒穿法很容易看起來幼稚，所以我們直接將「③顏色（材質）」設定為正式感，這個造型在「①設計」上，使用圓領運動衫、褲子和運動鞋的休閒單品加以組合，30歲的人也能穿出大人感的原因在於顏色設定為基本色的緣故，將正式感適時加入街頭風格，對於年輕人來說不太容易模仿，所以只要利用這個手法，就能夠成功製造差異，展現高明的穿搭技巧。

輪廓Y

style 10

黑色帽子／Kijima Takayuki
黑色背包／sixe
白色T恤／Discovered
黑色窄管褲／Nudie Jeans
黑色便鞋／無印良品

西裝褲輕鬆營造正式感，大人系度假風！

我常被問到「出國度假要怎麼打扮才有時尚感？」這次會稍微偏向休閒一點，圓領T是印象感強烈、大面積的黃橙色，令人眼睛為之一亮，基於「基本色＋一跳色」的原則，這個選色算是可容許的範圍。

問題在於要在其他哪個地方加上正式感要素？所以褲子我採用西裝褲而非短褲，鞋子挑選草編鞋而非涼鞋，由於是度假穿搭，想盡顯悠閒感也是無可厚非，只要利用其他單品加入正式感，就能打造有品味且成熟的夏日度假Look。下身和「style11」一樣把褲腳捲起來，打造出完全遮掩身型缺點的輪廓「O」。

黑色帽子／Kijima Takayuki
淺灰針織衫／無印良品
坦克背心／Attachment
白色褲子／Attachment
黑皮鞋／Lounge Lizard

黑色帽子／Kijima Takayuki
橙色圓領T恤／Kazuyuki Kumagai
黑西裝褲／Basis Broek
草編鞋／gaimo

50個穿搭範例中唯一的白褲造型，深色小物和鞋子是平衡關鍵！

這個範例採用了能成功改善東方人體型的第四個輪廓「O」。利用稍長上衣蓋住腰線，下身則是中年體型的好朋友：寬褲，但這樣很容易變成邋遢沒有精神，所以把褲腳捲起來打造俐落感。

雖然這裡使用的白褲子，屬於很難駕馭的單品之一，但前章我們有提過，搭配的關鍵在於膨脹色和收縮色的拿捏，由於這件褲子的膨脹寬鬆超過體型，所以捲起褲腳就營造出緊身感，整體呈現都會雅痞的氣質。另外，小物和鞋子選用深色也可以達到收縮效果，詳細穿搭在我的電子雜誌也有介紹，大家不妨多多參考。

小臉效果

style 13

膝上短褲&隱藏腰線&捲袖子&立領，小技巧修飾全身線條！

這個範例乍看沒什麼穿搭技巧，事實上卻處處充滿了小心機。首先，第2章【搭配篇】曾經解說過，穿短褲為了要讓腿的比例更好，就要盡量露出腿部肌膚越多越好，因此採用「膝上短褲」、「不看見襪頭」兩個技巧。然後盡量選衣身稍長的上衣遮住腰際，讓人猜不出腿的長度。

接下來為了讓臉變小，可以把領子微微豎起、捲起袖子，寬鬆的襯衫也變得合身，運用這麼多巧思無非是為了追求視覺效果。

此外，由於丹寧襯衫休閒意味非常濃厚，選擇設計簡化的基本款式才能抑制過多的休閒感。而手拿包也使用造型簡單且size小的，可自然的融入穿搭中，完全沒有矯揉造作的感覺。雖然標題是小臉，但此造型可說是在全身的平衡感上都仔細下了工夫。

灰色手拿包／LagunaMoon
丹寧襯衫／Discovered
黑色短褲／Lounge Lizard
麂皮草編鞋／gaimo

西裝大衣搭古著丹寧外套，黑白配+脖圍，時尚又出眾！

關於小臉的技巧在這個造型裡可說是集大成，最有趣的是正式與休閒的平衡方式。極致正式感的毛料西裝大衣底下，搭配了極度休閒感的破舊古著丹寧外套，白襪為黑色調穿搭加入了一個亮點。

一般來說，利用具有衝突性的單品來加入休閒感時，只要把「②輪廓」設定為正式就OK。脖子上的配件是「UNIQLO」的女款脖圍，大約日幣1000元就買得到了。我絕對不算是小臉人，看起來還有點大，脖圍巧妙的能臉襯托得更小，所以脖圍和大披肩可說是遮掩身材的最佳幫手。

披肩圍起來也OK，隨興披著也OK，隨身必備的小臉好物！

延續「style 14」平價脖圍系列，這件是ZARA購入的大披肩，一般會嘗試披肩的男性並不多，所以市面上品質較好的單品比較少見，僅充斥一些高單價或奇怪花色的，不太符合我穿搭的需求。所以我鎖定的是女用披肩，而且是快時尚的ZARA，它每年都會推出1～2千左右的素色大披肩，如同大家所見，風大的日子我緊緊的將它圍在頸上。

大披肩就是這麼方便實用的小物，隨意的圍上輕鬆就能變時尚，可為樸實的造型加分，增加重點，而且具有非常好的小臉效果。

適度露出散發魅力的末梢部位，關鍵在適度的平衡感！

頸部•手腕•腳踝（首•手首•足首）是視線最容易集中的三個末梢部位，能夠影響整體印象，此外，這三處也是各部分中最纖細的部位，把這些部位的線條露出來會顯得性感迷人，檢視一下三末梢最能顯得自然的平衡方法吧。首先是胸口，不可過分裸露，適當露出才能展現品味。

下半身可選擇九分褲，袖子勿捲至短於手肘，這是露出三末梢最適宜的程度，請牢記這個重點。掌握正式與休閒的平衡時，若能藉「三末梢」效果為整體增添魅力，就能增加服裝搭配的變化度。例如：聯誼或約會場合中，最適合使用三末梢的視覺效果。我的臉一向看起來像沒睡醒的樣子，但這張照片是不是散發出微微慵懶的性感？

黑色帽子／Kazuyuki Kumagai
深藍襯衫／Kazuyuki Kumagai
褲子／Kazuyuki Kumagai
黑皮鞋／Lounge Lizard

3首

style 16

Markaware牛津襯衫
打造輪廓「I」
大人感的定番穿搭！

這個穿搭範例推薦給30～40歲的男性朋友，這是「即使沒有露出腳踝及頸部，僅露出手腕也能增添性感」的最佳範例。在參加餐會入座時，就將袖子隨意捲起來吧（笑）。襯衫、黑色窄管褲、合身的輪廓「I」、基本色加一跳色，都忠實地遵守第1章所提到的原則，正式與休閒的比例達到完美平衡，如果覺得這樣穿有些太規矩而無趣，就和照片中一樣披上一件開襟針織衫作為點綴。

呼應【搭配篇】所談論的重點，披在肩上的針織衫要選淺色看起來會比較自然。扮演勻稱感的靈魂人物是「Markaware」最為擅長的牛津襯衫，每季都會推出許多頂極的款式，連習慣穿著Brooks Brothers、Ralph Lauren等高級襯衫的人，都驚豔於它細緻的色澤感及漂亮的版型，在第4章中也有介紹，請加以參考，我真的非常推薦「Markaware」的襯衫，大家千萬不能錯過。

淺灰針織衫／無印良品
淺藍牛津襯衫／Markaware
黑色窄管丹寧褲／Nudie Jeans
黑白豹紋襪／Happy Socks
黑皮鞋／Lounge Lizard

基本款條紋衫＋西裝褲
提升正式感，
是適合成熟男性的穿搭法！

素色與花紋相比，搭配性較高的一定是素色，但有些人可能對單調的素色感到厭倦，我不鼓勵選擇圖案花俏的單品，但可以選擇「黑白色系、間距較小」的細條紋，因為條紋也屬於一種圖案，但不會太過花俏，並不會造成過度的休閒感。

在搭配上，由於圓領衫屬於休閒單品，若是搭配西裝褲可保有正式感。不過仍然稍嫌單薄了點，那就在肩膀上披件針織衫作為點綴，針織衫顏色也必須以基本色系為主。所以即使是圖案單品，只要善加選擇、思考搭配策略，就能營造正式感，顯露成熟風格。

白襯衫／UNIQLO
條紋圓領衫／Dalmard Marine
黑色褲子／UNIQLO
白鞋／route

淺灰針織衫／無印良品
條紋圓領衫／無印良品
黑色褲子／UNIQLO

不擅長簡約穿搭，就加入
休閒感來調整比例！

不擅長「簡約」穿搭、常一不小心就穿得太「平淡無奇」的人，在選用設計感奇特的單品前，請先花點工夫安排好整體穿搭的比例。這是靈活運用簡單的橫條紋圓領衫的穿搭範例，法國人在穿著這樣的條紋圓領衫（巴斯克衫，粗織圓領衫）時，會在裡面加上一件白襯衫，讓整體呈現針織感。

以「正式與休閒比例」來看，西裝褲搭襯衫、針織衫的穿法屬於正式感，這個範例將針織衫換成橫條紋圓領衫、把皮鞋換成運動鞋，利用「加法」原理增添休閒感，如同「style01」所提過的，把休閒感點綴在正式造型裡，這個方法很簡單，大家一定要學會。

成熟感

style 20

大衣穿出成熟感，關鍵在於內搭上衣的長度！

這個穿搭法要教大家的是，內搭上衣的長度如何取得平衡感的問題。第2章【搭配篇】曾經提過：要把腰線遮住，內搭上衣的長度必須稍長一些。如果沒有長內搭上衣的人，可以和襯衫比對一下，只要上衣下襬可以看見一點點襯衫下襬的布料即可。所幸襯衫通常是前長、後長（因圓弧下襬的關係），所以應該自然會比外面的針織衫或圓領衫要長一些，即使前面【搭配篇】是以短版外套作為示範，這裡的長大衣依然可以套用這個原則。

另外，配件我採用了手拿包，它不似肩背包或後背包會影響整體風格，或是背帶橫過身體的包款也很容易破壞整體造型，手拿包宛如拎著報紙或購物袋般自然，不破壞整體比例，可以輕鬆無虞的搭配，非常推薦給大家。而且這只手拿包僅僅大約日幣2千元，非常超值！

手拿包／LagunaMoon
墨鏡／Steady
白色大衣／Stutterheim
深藍針織衫／tsuki.s
襯衫／Markaware
黑色窄管褲／Nudie Jeans
黑白豹紋襪／Happy Socks
運動鞋／Adidas

白色丹寧夾克／無印良品
條紋圓領衫／UNIQLO
黑色窄管褲／Nudie Jeans
襪子／Happy Socks
黑皮鞋／Lounge Lizard

以白色丹寧夾克的長度修飾體型，打造好比例！

請注意一下條紋上衣的長度，相較於外搭的白色丹寧夾克，內搭的條紋上衣比較長，可以蓋住腰部的位置，讓人分辨不出腿的長度從哪裡開始。另一方面，由於夾克的相對長度比條紋內搭上衣還短，又讓人誤以為你的上半身較短（使得腿看起來又更長了）。

現在許多外套都做短版，就能輕鬆地取得全身平衡感。如果覺得原色丹寧外套不容易搭配，不妨選擇白色丹寧外套，會比原色丹寧具有正式感。足踝露出一點花色襪頭，則添加了一點休閒感。抱歉照片有點不太清楚，其實這件夾克領子有稍微豎起，增加了一點小臉效果，體型修飾真是不遺餘力。

「條紋×迷彩」精心安排正式感的元素，避免過於休閒感！

即使是「花色×花色」如此高難度的穿搭法，也能依據你選擇單品的方式保持適度的平衡感。重點在於：迷彩款式請勿選擇太過花俏的圖案，稍微暗色者為佳。條紋則是細紋且黑白灰色系，只要多留意使用單純的花色，就能避免變得太過休閒隨便。另外，如果還不習慣的話，先以短褲搭配襯衫是最方便的選擇。穿短褲時，若沒有用稍長上衣遮住腰線，會看起來短比較腿。襯衫則是因為一般都前長、後長的關係，反而是短褲的最佳搭檔。

在「正式與休閒平衡」的部分，靠清爽乾淨又有正式感的白襯衫，來沖淡複雜的花色，其中以迷彩短褲的休閒感最適合了。以這個技巧作為學習的穿搭方式還有很多，關鍵依舊在於整體平衡感的掌握。

黑白條紋圓領衫／Dalmard Marine
白色襯衫／UNIQLO
白色坦克背心／Attachment
迷彩短褲／gramicci
麂皮草編鞋／gaimo

「法式休閒」是值得成熟男子嘗試的都會穿搭風格！

這是法式休閒中最基本的穿搭法。以淺藍色丹寧夾克休閒感單品為主，因此「②輪廓」和「③顏色（材質）」的色彩搭配要具有整體正式感，並且所有使用的單品都要合身才行。

以圖片來看，丹寧夾克以外的單品必須是基本色（黑、白、灰）。褲子的部分，為了不破壞窄管褲的緊身輪廓，我將褲腳會產生皺折的多餘長度改短。雖然丹寧褲、丹寧外套及條紋圓領衫都是休閒感單品，但只要使用基本配色、合身剪裁，就會具有正式感，整體印象變得成熟洗練。很推薦30～40歲的男性，當你想穿休閒服裝，又不考慮年輕花俏的款式時，可以嘗試這種「大人系法式休閒」穿搭法。

順道一提，這件丹寧夾克是經過修改的款式，衣領有改造、身寬也改窄，和平常見到的Levi's 外套感覺是不是很不一樣？

黑色帽子／Kijima Takayuki
丹寧外套／Levi's（已修改）
條紋圓領衫／Dalmard Marine
黑色窄管褲／MB
白色鞋子／Crown

成熟感

style 23

白色皮鞋和白襯衫，讓丹寧褲耳目一新！

這是用原本不穿的丹寧褲搭配正式感襯衫的「再利用」範例（2），是適用於春、秋兩季的襯衫穿搭法。搭配邏輯和「style 24」相同，並且這裡罕見的以白色皮鞋來搭配，近似於白色運動鞋的印象，比黑皮鞋多了些許休閒的氛圍，當你覺得這麼穿「好像有點嚴肅……？」時，只要換成白色皮鞋就能獲得改善。

白色鞋子來自於英國品牌「Crown」，大約日幣1萬元左右就能買到，價格和外觀都和運動鞋很差不多，令人驚喜至極。鞋跟較淺、腳背較低，比運動鞋更具有正式感，又比皮鞋更具休閒感，屬於非常實用的複合型單品之一。

丹寧褲再利用，重點是如何適度消除休閒感！

這是用原本不穿的丹寧褲搭配正式感針織衫的「再利用」範例（1）。通常「低密度」的針織衫比較具有休閒感，所以必須將「②輪廓」和「③顏色（材質）」向正式感靠攏。

雖然這件針織衫稍微有點粗織感，但因黑色及合身袖子的關係，則多了點正式感，稍稍平衡了過來。反過來說，織目細緻的高密度針織衫若選擇稍微寬鬆、或帶點彩色的款式都還算保有正式感。時常意識每個單品各自的「服裝三要素」的平衡感，對於營造整體比例是非常重要的。

短褲+T恤的休閒穿搭，靠皮鞋拉回正式感！

這個範例延續「style 26」花色短褲的概念，雖然這裡的圓領衫不同於前者，是沒有光澤的一般素材，但因為顏色是黑色、合身版型、袖子也很fit，比一般T恤降低了不少休閒感。但由於整體的「①設計」正式感非常不足，因此，腳上的鞋子採用比草編鞋更為正式的皮鞋取代，以調整平衡感。然而，一般人會習慣以涼鞋搭配，但作為「街著」來說會太過休閒。請記得，只要穿著短褲，不妨盡量從腳上的鞋子或上衣來增添正式感。這件短褲出自於「gramicci」，大約以日幣7800元入手，懂得穿搭不用砸大錢、也不需要品味，只要運用邏輯就能穿得時尚。

短褲搭配oversizeT恤的休閒穿搭，只要使用正式感素材就能平衡！

「MB說短褲要挑選膝上短褲，但我的短褲都超過膝蓋怎麼辦？」如果你的短褲長過膝蓋，只要記得把褲管捲至膝上，還是能達到相同的效果。同時別忘記上衣長度要選擇超過腰部的，這個範例使用的是大輪廓的圓領衫，即使「②輪廓」是休閒感，但選用具有光澤的正式感素材（「③顏色」），平衡感就不會跑掉。而腳上的草編鞋因鞋面採用麂皮素材，也為整體增添些許正式感。

通常短褲搭T恤，看起來會顯得幼稚，只要特別注意材質的選擇，就會呈現必要的正式感，一切仍舊是以「正式與休閒比例的平衡」為最高指導原則。

運動褲搭配黑色襯衫的亮點在於白色鈕扣！

這個範例在第2章【搭配篇】曾為大家詳細解說過，請參考本例實穿圖。關於黑色合身襯衫的挑選，我再為大家說明一下，黑色襯衫也是經常大家買回來才發現意外的難搭，最後掛在衣櫥再也很少碰的單品之一。原因在於黑色襯衫具有強烈正式感，無論和什麼衣服搭配都會有種從事特殊行業的氛圍。這時候，我們不妨把「其他部分」調整為休閒感。大部分黑色襯衫都是配黑色鈕扣，但如果鈕扣換成了白色，不但可作為整件衣服的點綴，也能稍微降低正式感。

為什麼呢？就「①設計」來看，白色鈕扣在一映入眼簾時就產生了休閒感，白色鈕扣分布在襯衫正面及袖口比較顯眼且大範圍的部位，所以能為「整體」帶來休閒的印象。如果你手邊的黑襯衫是黑鈕扣的話，可以請裁縫店師傅修改，一個鈕扣大約僅需日幣100元左右的修改費，輕易就能改變整體印象，大家不妨試試看。

運動褲

style 28

黑色襯衫／N4
灰色運動褲／UNIQLO
黑皮鞋／Lounge Lizard

style 29

西裝外套／Lounge Lizard
白色T恤／Discovered
黑色窄管丹寧褲／Nudie Jeans
黑色短靴／Kazuyuki Kumagai

熟練基本型西裝外套穿搭法，增加搭配靈活度！

這是以每位男性都擁有的「西裝外套」作為示範的基本穿搭法，因為西裝外套加西裝褲，襯衫加皮鞋充滿了極度的正式感，所以我使用休閒感的黑色窄管丹寧褲及白色短T加以平衡。雖然整體有點嚴肅的氣氛，但請先學會這樣的基本型穿搭法。

如果想要加以變化，例如下半身選擇比黑色窄管褲還休閒的運動褲時，內搭就可改成具正式感的白色襯衫。如此以基本型穿搭作為基準，運用其他單品靈活調整休閒感比例的多寡，就能增加變化性，擴展穿搭的廣度。其中一例便是下一個「style 30」穿搭法。

style 30

黑色外套／Lounge Lizard
白色T恤／Discovered
黑色西裝褲／Lounge Lizard
白色忍者鞋／NIKE

只要靈活運用「基本型」，加法&減法讓西裝外套變化無限大！

這是「style 29 基本型」的變化款，我穿的是上下成套西裝，西裝外套加西裝褲無論是「①設計」、「②輪廓」、「③顏色（材質）」都是不折不扣的正式感，當作為「街著」使用時，利用T恤、運動鞋加以平衡是最簡單的方法。腳上穿的是「NIKE Air Rift」白色忍者鞋，如果換成「CONVERSE ALL STAR」帆布鞋也OK。你也可以嘗試以這個造型再發展出另一種變化：把內搭改成白色襯衫，鞋子換成高彩度的運動鞋。簡而言之，哪裡加了正式感，就在別處加入休閒感，運用「加法＆減法」平衡原理增加穿搭的變化。

在白色上衣的對比下，外套上加入羽絨背心也OK！

相較於「style 31」，這個穿搭是冬天快要進入春天時所拍攝，在季節轉換之際，我不想穿大衣，但只穿夾克仍感覺寒冷時，羽絨背心就正好派上用場。全身是西裝外套、高領衫、窄管丹寧褲加皮鞋，算是相當正式感的穿著，藉著外套上面的羽絨背心及後背包的休閒感，正式與休閒比例得到了調整。

此外，由於是全身黑色穿著，所以我在容易引起注意的脖子、腳踝部位加入白色元素，讓全身不會太過沈悶，全身黑的穿搭在第2章【搭配篇】也提過，在黑色裡面加入白色是最快可以穿出時尚、也最省事的方法，善加運用黑白對比在穿搭上會非常方便。

運用羽絨背心的高搭配性，搭配手拿包成為穿搭亮點！

我非常喜愛穿著羽絨背心，在變化多端的氣候下它是非常方便實用的單品，這張照片是春、夏交替時節拍攝的，只穿一件圓領衫還有些寒意，這時我不想穿外套，於是羽絨背心成了最好的選擇。羽絨背心屬於正式或休閒呢？它偏向休閒感，但這件的「①設計」非常簡單，「②輪廓」屬於窄身，加上「③顏色（材質）」是基本色，所以它的正式感正好和其他休閒感單品產生中和。在明亮陽光裡穿著黑色有點暗沈，於是我選擇亮藍色手拿包，雖然色調搶眼，但使用面積很小，所以能自然融入整體穿搭中，同時也讓全身有了重點。

軍事外套也能成功穿出「街着」感，關鍵在袖圍與正式比例的掌握！

這是活用法國軍事外套的穿搭範例。許多品牌經常推出設計繁複的軍裝外套，但我反而認為真品的經典款式才具有永恆不敗的時尚魅力。軍用品通常不會有多餘的設計，肩膀上的橫向肩飾是為了托住步槍，胸口和手腕的魔鬼氈是為了貼上軍階及勳章胸標，所有細節都有其實用價值，充滿真實感。

有別於市面上只是為了好看而設計的軍外套樣式，這種真品外套非常具有說服力。然而，軍裝唯一的缺點是，袖圍因為要符合歐美人的尺寸所以非常寬大，會成為「②輪廓」的敗筆，不過這個缺失可藉由捲起袖子讓手臂變細、下身搭配窄管丹寧褲及靴子增添正式感而達到平衡。這件軍外套是在上野的軍用品店「中田商店」以日幣2千元入手，平易近人的價格就擁有原創真品，真是魅力滿點的心頭好物。

外套／法軍實物
白色T恤／UNIQLO
黑色窄管褲／MB
鞋子／Kazuyuki Kumagai

黑色帽子／Kijima Takayuki
深藍色披巾／ZARA
淺灰色長版工作外套／Kazuyuki Kumagai
黑色圓領衫／Attachment
黑色褲子／Basis Broek
黑皮鞋／Lounge Lizard

眼鏡／TOM FORD
黑色脖圍／UNIQLO
黑色西裝大衣／Attachment
針織衫／tsuki.s
白襯衫／UNIQLO
黑白條紋運動褲／DRESS CAMP
白色運動鞋／Nike

style 34

超平價ZARA披巾巧妙遮掩腰身，打造垂墜感輪廓「O」！

第2章【搭配篇】曾經提過長大衣要和窄管丹寧褲搭配的理論，並且為大家示範可以藉由輪廓「O」來增加穿搭的廣度，由於修飾體型很重要的關鍵在於腰身位置，如果披巾不用圍的，直接從頸部自然往身體前方垂下，就能巧妙掩飾腰線。以「正式與休閒的比例」來說，由於這個造型裡的「③顏色（材質）」受到淺灰長版工作外套明顯皺褶的影響，散發出大面積的休閒感，所以我搭配西裝褲、並把配色設為基本色就能稍微拉回正式感，並且再露出腳踝調整比例。還有，這件披巾就是前面出現過的ZARA的商品，搭在身上完全看不出來只有日幣2千元的破盤價格，真心推薦給大家。

style 35

上半身正式、下半身運動風，外國街拍常見穿搭法！

黑色西裝大衣下是黑色針織衫加白襯衫，形成完美的正式感穿搭，而下半身採取大膽的休閒搭配，用平紋針織運動褲（Jersey）加上白色運動鞋，如同國外街拍中完整度極高的穿搭法。仔細端詳之下，「②輪廓」和「③顏色（材質）」是正式感，純白色運動鞋、針織運動褲都選用非常窄版的單品，所以並沒有預料中的那麼休閒。

此外，頸部的黑色脖圍提供了小臉的效果。最後，我使用了第4章中會介紹的「TOM FORD」的眼鏡，展現假文青的形象，這副眼鏡可以用來騙人，所以非常方便（笑）。

黑色大披巾／ZARA
黑色長版外套／sixe
白襯衫／Discovered
西裝褲／Kazuyuki Kumagai
編織運動鞋／Nike

用運動鞋讓西裝變休閒，國外街拍的基本穿搭！

這個造型是利用長大衣、正式西裝、西裝褲讓「①設計」偏向正式感，再選擇花俏醒目的運動鞋加入休閒感。在國外經常可見到在嚴謹的西服穿著中搭配醒目紅運動鞋之類大膽取得整體平衡的方式，這在日本較為罕見，所以很推薦大家嘗試看看。如同範例「style 34」為了隱藏五五身比例，利用大披巾垂掛在身體前方，遮住腰身，稍微豎起的領子和披巾創造小臉效果。

另外，將白襯衫袖子捲起一折，產生黑白對比。腳上的運動鞋是「Nike Free Woven」編織鞋，雖然看起來好像很難搭配，但實際上它的鞋底很薄、鞋身也很窄，看起來用心做了刻意壓低整體分量的設計。通常鮮豔的顏色容易產生膨脹感，也會顯得幼稚，屬於搭配難度高的單品，但這雙鞋子和成熟感的正式穿著相互激盪，反而意外的協調。

平價單品靠「正式感加減法」讓整體具有正式感！

oversize的布勞森拉鏈外套或內搭的運動衫，都是極具休閒感的單品，所以我採用基本配色、窄管丹寧褲、黑皮鞋，為整體打造嚴謹的正式感。黑色布勞森外套來自於「UNIQLO」，內搭白色運動衫是「United Athle」大約日幣1～2千元左右購入，運動衫裡的白襯衫也是「UNIQLO」，這些平價單品只要妥善搭配組合，也能穿出非常時尚的look，重點就是「style 01」曾提過的「在正式感結構中，加入休閒元素」。

例如：白襯衫外面搭針織衫屬於正式感結構，這裡把針織衫改為白色運動衫、黑色西裝外套改為布勞森外套、西裝褲改為黑色窄管褲，將全身衣物換成「看似正式，實為休閒」的單品，形成有趣的平衡感。如果搭配上遇到困難，回歸到「西裝正式感加減法」的概念就不會出錯。

平價時尚

style 37

灰色拿包／Laguna Moon
黑框墨鏡／Steady
布勞森外套／UNIQLO
白襯衫／UNIQLO
白色圓領衫／United Athle
黑色窄管褲／Nudie Jeans
黑皮鞋／Lounge Lizard

針織衫加西裝褲，利用寬鬆輪廓破壞正式感！

這個造型也是破壞正式感的示範，用無印良品夏季針織衫搭「UNIQLO」黑色西裝褲的「①設計」屬於正式感的組合，但「②輪廓」有些微的寬鬆感，所以看起來很休閒，和「style 38」相比感覺更加乾淨清爽是因為我捲起了袖子和褲管，藉著露出纖細手腕及腳踝增添微微的男性魅力，是聯誼場合或約會時非常適合的穿搭法。鞋子和「style 38」是同一雙噴漆皮鞋，有點斑駁的感覺，散發著久遠年代的氣氛。我在「nico nico Channel」官網「MB頻道」的動態影片中，也有分享皮鞋噴漆加工的方法，有興趣的人可以參考。

黑色背包／sixe
白色襯衫／UNIQLO
坦克背心／Attachment
黑西裝褲／UNIQLO
噴漆皮鞋／MB改造

淺灰針織衫／無印良品
坦克背心／Attachment
黑色褲子／UNIQLO
噴漆皮鞋／MB改造

用輪廓打破基本正式感，以休閒感平衡！

這個造型也運用的「style 01」提過的「西裝正式感加減法」，還有另一種計算法，是從正式西裝穿法的「白襯衫、西裝褲」變化而來，我大膽的選用褲腳寬鬆有分量感的西裝褲、及大尺寸的白襯衫，將基本型的西裝應有的「②輪廓」加以破壞，轉變為寬鬆、休閒的印象，上衣及褲子都是在「UNIQLO」購入，加起來不到日幣1萬元，再次證明時尚真的不需要花大錢。此外，鞋子是利用已經不穿的黑皮鞋，再噴上白色油漆而成。學生時代也曾改造過「CONVERSE」帆布鞋作為我的定番鞋款，這雙皮鞋我也如法炮製，是不是呈現一種獨特的趣味感？

只要運用基本色，全身UNIQLO也能很時尚！

這個範例是全身「UNIQLO」的穿搭，雖然布勞森外套、白色T恤、運動鞋這些單品的「①設計」都屬於休閒感，但視覺上反而有種正式的感覺。因為「③顏色（材質）」的配置是以上下黑為基礎再加入白色內搭，並且下身的西裝褲也帶出正式感。腳上雖然也可搭配皮鞋，但由於全身是以「UNIQLO」為主題，所以我選用白色運動鞋作為搭配。重點在於我捲起了袖口和褲管創造細身的感覺，看起來俐落修身。並且也不忘將略長的內搭上衣蓋過腰身。這便是靠著搭配手法，即使全身「UNIQLO」也能很時尚的最佳範例。

以統一白色的防風連帽外套打造穿搭典範！

休閒感代表單品之一登山防風外套不只受愛好戶外活動的男性喜愛，近年來也以「街著」定番外套之姿榮登男性單品寶座，但是色彩鮮豔的拼接或花俏的設計會加重過多休閒感，難以取得整體平衡。所以在「③顏色（材質）」上，我採用白色基本色，使這件防風外套正式感驟升。事實上，這件登山外套出自於「UNIQLO」，細節處的拉鍊、兜帽抽繩也全部都是白色的，堪稱為難得的傑作。沒想到「UNIQLO」也有這樣簡約又具正式感的輕便防風外套，下身的黑色西裝褲也是「UNIQLO」的，黑色便鞋則選自無印良品，整體乾淨俐落，是不是一點也沒有廉價的感覺？

物美價廉的白色系單品，呼應了「時尚藏在邏輯裡」！

複習第1章提過的「階段式穿搭法」，也就是將「②輪廓」設定為「I」輪廓，「③顏色（材質）」定為基本色，剩下以「①設計」來平衡整體比例。這裡我使用T恤、窄管丹寧褲加皮鞋來平衡。原本皮鞋選擇黑色比較理想，但考量到夏天，我選擇較休閒的白色。

此外，素色單品的搭配組合常流於乏善可陳，因此這裡採用針織衫披肩法打破單調。這款穿搭所有的單品皆由「UNIQLO」和無印良品打造，只有鞋子是英國製的「Crown」。全身行頭大約日幣1萬元左右。只要根據大原則和黃金準則好好學習，無論是「UNIQLO」或是高級名牌都能變得很時尚。這個範例中所有單品除了手錶之外，大約日幣2萬元就能包辦。所以時尚不用品味，不用花大錢，完全是靠邏輯。

淺灰色針織衫／無印良品
白色T恤／UNIQLO
褲子／UNIQLO
白色鞋子／Crown

黑色襯衫沖淡了軍裝拼接工作褲的休閒感！

這是把軍用品的古著利用手工拼接做成的「軍裝拼接工作褲」，我非常鍾愛這種充滿玩味的手法，但它就是非常隨性的樣式，我認為這是日常穿搭中十分難搭配的單品。我藉由上身搭配比白襯衫正式感更強烈的「黑色襯衫」，同時別忘了捲起袖子調整為正式感。當然鞋子可選擇皮鞋或草編鞋來中和個性強烈的軍裝褲，再度加強正式感。

日本原宿有不少年輕人，經常以設計花俏的休閒單品作為全身上下的搭配組合，其實只要選擇正式襯衫或西裝褲，在上衣或下身任何一個部位增添正式感，就能消除幼稚、平庸的氣息，提升時尚的印象。

黑色襯衫／N4
拼接工作褲／Sixe
草編鞋／gaimo

黑色後背包／sixe
黑色外套／sixe
白色襯衫／H&M
黑白條紋運動褲／Dress Camp

style 43

用趣味單品玩造型，精心安排上衣，洽公也能穿！

接下來「趣味感褲裝」範例。首先，下身是建立形象的單品，我選擇有點趣味感的黑白條紋運動褲，正是所謂的「Jersey（澤西）鬆緊褲」，是非常休閒感的印象，所以上半身我利用西裝外套加白襯衫，在「①設計」上採用極致的正式感來搭配。

因為趣味感的下半身要靠正式感上衣才能達到平衡。我在和廠商洽談公事時，就經常做這樣的打扮。並且因為隨身物品很多，基本上我會搭配後背包，背包當然也選擇大容量且設計簡約低調的黑色登山包。

平紋針織運動褲作為「街著」使用也能穿出正式感！

這裡，我的概念是用白襯衫搭西裝褲、皮鞋，塑造百分之百的正式感。然後把西裝褲換成黑白條紋運動褲，大膽的加入休閒元素，將正式感造型的其中一項直接以「休閒感單品」取代，這個方法在穿搭上非常好用，請大家一定要學起來。

東方人穿著運動褲通常習慣搭配圓領T恤，看起來十足的美式風格。我二十幾歲時在國外街拍網站，曾經看過平紋針織運動褲搭配夾克、襯衫，或西裝外套加針織運動褲的搭配方式，不禁讚歎「針織運動褲竟然也能這樣穿？」由衷感到佩服與嚮往。西方人對於「正式與休閒」經常能夠充分自由的運用，相較亞洲人容易傾向一絲不苟地遵循「休閒褲搭休閒上衣」成套性的概念。我經常期望著，如果大家平常都能像國外街拍那樣，用混搭方式享受穿搭樂趣那該多好。

亮藍色手拿包／Attachment
白色襯衫／UNIQLO
坦克背心／Attachment
黑白條紋運動褲／Dress Camp
黑皮鞋／Lounge Lizard

黑色後背包／sixe
黑框墨鏡／Steady
白色外套／Jean Paul Gaultier
黑白條紋襯衫／Little Big
黑色西裝褲／Discovered
黑皮鞋／Lounge Lizard

短版白色丹寧外套搭西裝褲，修飾體型的輪廓「O」穿法！

這是正式襯衫搭西裝褲、皮鞋的黑白色系穿搭法。雖然使用的單品具有正式感，但是白色丹寧外套加入了休閒感。由於這件白色丹寧外套經過噴漆加工，充滿了粗獷感，所以利用正式感黑色西裝褲和直條紋襯衫加入正式感，使整體達到適度的平衡。直條紋襯衫長度略蓋過腰身，褲子是略顯寬版但褲腳收窄的錐形西裝褲，形成典型的輪廓「O」。

對於我這樣中年體型又五五身材的人來說，是最能提供修飾效果的穿法。如果覺得這樣有點嚴肅的話，可以搭配休閒後背包，只要加入這個配件馬上就能產生微調的效果，達到正式與休閒的平衡。

全身的正式感用運動鞋破壞，打造外國人穿衣風格！

從這個範例開始，將是一連串MB的趣味發想。這件宛如Mihara Yasuhiro（三原康裕）太空裝的西裝長版大衣稱為「繭型外套」，蠶繭般圓弧線條是它最大的特色。這樣在「③顏色（材質）」運用上充滿玩心的單品，需要其他正式感單品來加以平衡。所以我用白襯衫加高密度針織衫、黑色窄管褲這些具正式感的元素來搭配，但由於「①設計」終究屬於正式感的西裝長大衣，所以腳上的鞋子我使用運動鞋增添幾分休閒感，形成非常有趣的穿搭組合，見到的人都不約而同地誇讚：「好有外國人的風格啊！」。

深藍長版外套／Mihara Yasuhiro
藍色針織衫／Attachment
白襯衫／Discovered
黑色窄管褲／Nudie Jeans
襪子／Nike
白色運動鞋／Adidas
手套／Discovered

黑色後背包／sixe
黑框墨鏡／Steady
外套／sixe
深藍針織衫／tsuki.s
白色襯衫／UNIQLO
黑白條紋運動褲／Dress Camp
黑皮鞋／Lounge Lizard

正式感長版卡其色風衣用黑白條紋運動褲來平衡！

這是使用了第4章中介紹的長版風衣（Soutien Collar Coat）而做的造型。寬身感大衣加上美麗光澤的針織衫及正式白襯衫，就「①設計」來看，這是連紳士都會驚歎的正式感穿搭。但在下身我大膽選擇黑白條紋運動褲，精心營造了完美的平衡感。如果要把長版風衣向休閒感靠攏時，大部分的人會搭配丹寧褲，依照穿搭邏輯來說，這樣的策略也是OK的。

其實這種穿法在國外非常常見，大家不妨可以多參考國外街拍的技巧。此外，把白襯衫下襬拉出來隱藏腰部位置，還有豎起衣領讓臉變小的定番技巧也很令人矚目。我參考國外街拍戴起墨鏡，有點壞壞的樣子也頗令人覺得有趣（笑）。

變化款

style 48

黑色羽絨背心／Kazuyuki Kumagai
黑白格紋襯衫／Kazuyuki Kumagai
褲子／Kazuyuki Kumagai
黑色短靴／Kazuyuki Kumagai

黑色帽子／Attachment
黑色後背包／sixe
黑色針織衫／tsuki.s
白色襯衫／UNIQLO
窄管丹寧褲／MB
黑皮鞋／Lounge Lizard

羽絨背心&格紋衫的美式風格，靠黑白色系散發正式感！

即使是格子襯衫、羽絨背心這樣美式休閒風的單品，也能藉由「③顏色（材質）」的安排大幅改變整體印象。我經常被問到：「格子襯衫是美式休閒單品，正式感不足，平常不容易穿得好看怎麼辦？」，其實只要注意配色、輪廓、以及搭配的單品，就能有效增添正式感。

這裡我在配色上以黑色系作為主軸，羽絨背心我選擇不會膨脹臃腫與色彩鮮艷的款式，而是版型簡約且素雅的黑色背心，鞋子也細心的搭配了窄身的黑色短靴。即使上衣都是美式風格單品，整體卻完全沒有邋遢土氣或幼稚的感覺，取而代之的是俐落的統一感。

「襯衫配針織衫」靠飾品加入休閒感的基本變化款！

基本上，這是利用窄管丹寧褲、黑色針織衫、白襯衫搭配的正式感穿著，再藉由加入配件及穿搭手法作為變化的範例。沒有佩戴飾品時，因正式感頗為強烈而顯得有些嚴肅拘謹，所以我運用了棒球帽、登山背包及露出的腳踝來增加休閒感。在春、秋兩季我經常做這樣的打扮，腳上也可以穿著有花色的襪子創造一點小變化。

為了改善襯衫加針織衫有點乏善可陳的缺失，與其用其他服飾來達到平衡感，不如善用小飾品來增添洗練風情。所謂「變化款穿搭」的標題便意味著「利用小飾品為整體造型增添休閒感」之意，有時利用小飾品點綴會比改變服裝單品有更好的平衡效果，大家可以多加練習。

My favorite items

MB嚴選の15款男性必備單品！

專業採購推薦 CP 值最高的產品！

這個章節裡，我精心挑選私下愛用的單品，並且告訴大家我以什麼標準選擇衣服以及搭配的原則。希望能幫助各位學習如何與衣服相處，並且在買到適合自己且實用的不是流行單品。

No.01

【TANK TOP】坦克背心

我最推薦「ATTACHMENT」這是日本屈指可數的知名設計師品牌，在高度競爭的設計師領域裡，它能長年屹立不搖始終受到大家喜愛，十分難能可貴。它最大的代表作就是「螺紋針織（Purimoa Fraise）」系列的坦克背心」獨家研發的「形狀記憶纖維加工法」製成的素材，表面採用橫向伸縮性的螺紋彈性織法，有不易變形的特性。我即使只穿著一件T恤，也會把坦克背心當作內搭穿在裡面，在第3章的示範穿搭中也都穿著「ATTACHMENT」坦克背心，除了可以防止「激凸」之外，也能夠保護穿在外面的T恤或襯衫。

坦克背心最貼近肌膚，因為經常摩擦使這層衣物很容易變形，尋覓多年的我終於找到這件舒適耐用、剪裁合身、CP值又高的夢幻逸品。剛開始我還想：「形狀記憶纖維？到底是什麼？」雖然是布料較薄的螺紋素材，但具有厚實手感，穿久了仍然保有紮實耐用的彈性、不鬆垮，經常洗滌也不會褪色。

精緻的縫製技術，表面很少出現線頭，我第一件買到現在第四年才稍微有點脫線。領子開口的弧度也很適中，穿著V領T恤或襯衫時不會露出來，版型漂亮，合身卻不緊身，一件大約日幣4500元（約新台幣1500元），即使是頻繁使用，一件至少可以穿三年也不會損壞變形，是很值得入手，可說是「ATTACHMENT」的經典之作，難怪它可以一直受到大家的歡迎，人氣不墜。

No. 02

【T-SHIRT】Supima棉圓領T恤

這款內搭圓領T恤是以「兩件式」或「三件式」的組合販賣，也是美國品牌很常見的販賣方式。「平常不管穿什麼都需要一件內搭，所以一次買個兩、三件吧！」根本就是一副半強迫購買的態度，叛逆反骨的我很疑惑：「一樣的T恤為什麼一次要買那麼多件？」而且「就算平均一件算起來很便宜，也不需要這麼多吧！」但後來「Supima圓領T恤」卻讓我大為驚豔，不但一組不夠，後來黑、白、灰不同顏色我總共買了四組，加起來有八件之多！

「UNIQLO不是便宜沒好貨，我們要以低廉的價格提供高品質的商品」，迅銷集團（Fast Retailing）董事長柳井正先生表達了他的理念。UNIQLO用超平實的價格推出取自世界珍稀素材「Supima」棉料製成棉T，柔軟、具有光澤度的頂極觸感是其最大魅力所在。除此之外，還有出類拔萃的漂亮版型及垂墜性。宛如內衣般的窄身T恤雖然也經常見到，但一穿上UNIQLO的棉T會情不自禁的讚嘆：版型如此合身完美，甚至連一件日幣上萬元的T恤都比不上它。細緻的領口包邊；長短適中的袖口，可讓日本人細瘦的手臂看起來較為粗壯；衣身長度剛好隱藏住腰身，修飾五五身材比例；整件T恤大量採取各種修飾效果。

在「style03」、「style04」、「style42」裡，對身材沒有自信的我也不敢相信自己的眼睛，它竟然能使身型修飾得如此Fit。不要說兩件組了，我甚至希望UNIQLO能推出八件組呢！不過兩件組不含稅日幣990元的價格，已經是其他時尚品牌望塵莫及了。

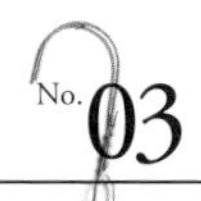

【PANTS】黑色丹寧窄管褲

我一再告訴大家「窄管褲」是男性非買不可的基本單品，因為它雖然具有休閒的本質卻有正式感的外觀，可說是具有大人感複合式單品中的翹楚，近幾年，窄管褲越來越受大家喜愛、已逐漸成為主流。但無論哪一家窄管褲的版型，穿起來和外國街拍客的感覺總是差那麼一點。由於大部分褲型為了符合所有人穿著，下襬寬度會做得稍大，所以版型多少都有些缺失、不夠完美。或者即使版型還ok，但光澤感不足，總是達不到心目中理想窄管褲的標準。

長久以來我一直希望能覓得一件完美的褲子，正好某次讀者反映說：「MB先生，你自己做一件嘛～」於是開啟了我研發窄管褲的契機。當初，在打樣過程中我不斷遭受失敗感到挫折，我發現靠一己之力不可能完成這件事，於是我邀請擁有數個品牌的實力派設計師－白谷直樹先生共同參與企畫製作出「MB窄管褲」，我可以非常自豪的說它的版型、材質與設計都非常完美，我在「style23」、「style33」也都穿了它。

「MB窄管褲」採用了宛如西裝褲光澤質感、彈性優越的素材；為了可以完全修飾東方人矮胖的直筒身形，腰身刻意做得比較寬鬆，褲腳窄縮，修身的輪廓很適合營造全身寬窄對比；難能可貴的是它擁有一般窄管褲所缺乏的正式感，作為日常搭配非常理想。

No.04

【SWEATER】針織衫

這麼多年我看遍各式各樣的美麗華服，能讓我稱得上是「無懈可擊的完美衣著」的可說是屈指可數，而「norikoike」針織衫就是少數完美衣著中的代表。如果要比喻的話，它的等級可以媲美高級西裝。西裝要平整沒有皺褶才是最美的，這是為了表現上等羊毛材質高貴細緻的光澤，因此沒有皺褶的美麗輪廓成了西裝的最高標準。但是在人體複雜起伏的曲線上，衣料要不產生皺褶是非常不容易的事，大概只有工藝精湛的高級訂製西裝能夠做到。而「norikoike」針織衫正好擁有「高級西裝零皺褶」的特性，完全貼合身體，沒有一絲多餘累贅的感覺，極佳的素材產生出連西裝也要甘拜下風的美麗光澤，這便是簡約的設計提升到高級西裝規格的緣故。

但令人惋惜的是，針織衫名手「norikoike」的設計師小池女士已於2011年逝世，承襲小池精神繼續開創新局的便是「tsuki.s」。「tsuki.s」和「norikoike」針織衫完全沒有絲毫不同之處，同樣也採用優秀的布料、一貫完美的版型，堪稱「無懈可擊的完美針織衫」，一如以往的繼續生產好的服裝。合乎日本人體型條件的合身輪廓及完成度令人激賞，甚至可以超越世界級針織衫品牌「John Smedley」，是秋冬不可缺少的單品之一。在範例「style49」和「style20」中，我分別示範了黑色與其他顏色。此外，「tsuki.s」旗下還有以耐久性高的高密度天竺綿材質的圓領T，也是我非常推薦所有男性朋友都應該入手的基本單品。

No. 05

【OXFORD SHIRT】牛津襯衫

以鍾愛的簡約軍事風格聞名、來自中目黑的品牌「MARKAWARE」，設計師石川俊介先生始終堅持日本職人精神，連服裝每個細節都要特別講究。通常品牌在為採購人召開的展示會中，會發布所謂「樣品（swatch）」的資料，但「MARKA」的樣品資料並未針對每個單品準備冗長的新聞稿，而是關注在衣物本身，例如：設計者如何構思這件衣服、使用哪個產地的素材、生產過程考量哪些細節、在哪家工廠縫製，甚至進行縫製機器的編號……等每個步驟都有詳細記載，懷抱著如此強烈熱情、投注無數心血，用不妥協、堅持到底的精神打造每一件時尚單品。而「MARKAWARE」最具代表性的單品就是牛津襯衫，牛津襯衫是美式風格的象徵，任何服飾店都可以見到它的蹤跡，是很普遍的服裝，但只要穿上「MARKAWARE」的牛津襯衫你會發現它美得令人起雞皮疙，如同我在「style17」中示範的，它的立體剪裁完全符合人體曲線，但不會感到過分窄小侷促，卻又不可思議的舒適貼合著身體。

雖然牛津衫屬於休閒單品，但因為「MARKAWARE」使用了面料光澤細緻的素材，所以散發著正式襯衫的優雅風情，即使下身隨意搭配短褲也能流露成熟大人感，是我衣櫥裡絕對不可缺少的一件好物。設計師石川先生已經成就一件完美的牛津衫，但追求極致的腳步並沒有停下來，每季會針對樣式或材質進行細微的進化，如此認真誠懇的態度令我由衷感到敬佩。

No.06

【BRACELET】編織手鍊

短袖穿著常常看起來顯得樸素單調，手臂及手腕肌膚空蕩蕩的沒有任何重點，如果加上一只腕錶或手鍊無疑是最快速方便的改善方式，但我相信大部分男性可能都不想在小物上花大錢吧！不管怎麼說，男性小物及飾品通常都價格不斐，有時一條細細的手鍊可能就要日幣兩、三萬元。我一直在尋找價格合理又有質感的手鍊，直到我在某個新品發表會看到了「wakami」手鍊才讓我驚為天人，一組七條售價竟然只要4800圓（含稅），可說是打破市場行情價般平易近人。而且還保證三個月內如有損壞可以更換新品，可說是CP值很高的品牌。

「wakami」自然真誠的設計感很觸動人心，市面上常見的手鍊通常都以五彩繽紛的零件裝飾而成的民族風格飾品，或者是純銀手鍊及天然石加工等貴氣逼人的手鍊，總覺得裝飾性太高、太匠氣。但「wakami」的手鍊僅以蠟繩、玻璃珠、金屬為基調，交織出自然的民族情調，不使用過分花俏或俗麗的色調編製而成，具有天然感。

不需要七條同時戴在手上，大約選擇其中兩、三條搭配即可，根據服裝自由搭配可創造更多樂趣與變化性。之前在電子雜誌裡介紹過，馬上便獲得熱烈的回響，也有讀者分享說：「因為我還是學生，所以和朋友合買一組，七條大家分著使用。」它不會妨礙服裝穿搭，且外型纖細、別緻又耐看，不喜愛純銀飾品的人，「wakami」手鍊會是很好的選擇。整個夏天，「wakami」手鍊一直是我形影不離的好夥伴。

No.07

【SUIT】西裝

稍微關注男性時尚的人應該都聽過「LOUNGE LIZARD」的大名吧，創立於1998年，歷經十七年淬鍊，現在已是日本老字號的設計師品牌。雖然身處瞬息萬變的時尚界，但「LOUNGE LIZARD」從成立之初就堅持不斷推出合身剪裁的西裝、西裝外套及窄管丹寧褲，堪稱業界的稀有動物。長年持續製作西裝、西裝外套，累積深厚的實力，設計師「八重樫學先生」凡事不假他人之手，無論到各地巡視工廠、尋找素材都事必躬親，靠著其豐富的見識不斷發表品質優良卻價格實惠的西服。

「不喜歡買昂貴的衣服吧？」是他的口頭禪，為了讓任何人都能穿著時髦酷帥的衣服，盡可能的便宜耐穿又不犧牲質感，這就是「LOUNGE LIZARD」的主張。

西裝也是沿襲此中心思想製造出來，立體的剪裁，具光澤感的高級布料，就算沒有sense的人一穿起來也會讚嘆。我也長年愛穿「LOUNGE LIZARD」的西裝，除了「style29」和「style30」（P179）中所示範的穿法之外，參加宴會、和客戶洽談，或是將西裝外套、西裝褲單穿，作為休閒場合使用，搭配方法相當廣泛，雖然經典厚重的西服也不錯，但最適合亞洲人體型的莫過於這樣輪廓合身窄版的西裝。無論是對西裝有獨到見解的人、或是不懂西裝的人，我都真心推薦你們可以試試看。還有，我也非常愛用窄管褲搭配。

No.08

【JOGGING SHOES】慢跑鞋

運動鞋大多數都擁有高彩度的鮮豔拼接、厚重的鞋身，而且休閒感非常濃厚，很不容易搭配衣服，如果上面搭配原色丹寧褲，會讓人以為是「宅男」，正式感非常不足。反觀國外街拍中，經常可以見到西裝褲之類的正式單品與分量感厚重的運動鞋作搭配，大膽的讓正式與休閒達到衝突的平衡感。然而在大部分的運動鞋，能讓亞洲人穿出和國外街拍客相同效果的單品，應該就屬NIKE的「AIR MAX 90」慢跑鞋了。

平常穿著如果搭配和籃球鞋一樣鞋身較寬、具有分量感的運動鞋時，無論其他部位怎麼搭配總還有揮之不去的隨便感，但「AIR MAX 90」雖然乍看有點笨重，但仔細端詳會發現：它的鞋頭很窄，鞋身也比一般球鞋窄，屬於不會太厚重的版型。因此，可以選購材質厚重但鞋身適度窄版的運動鞋，就能呈現具有大人感的穿搭元素。此外，全白色那款整體具有明顯正式感，它在「AIR MAX 90」系列眾多鞋款中，是非常稀有的，所以我買了幾雙不同的顏色作為平時私下搭配使用。黃色勾勾標誌那雙是「NIKEiD」系列所推出的經典款，堪稱運動鞋中可遇不可求的夢幻逸品，值得推薦給認為運動鞋很難搭的人，「AIR MAX 90」系列的鞋款可稱得上是時尚運動鞋的最佳代表。

No. 09

【UMBRELLA】紳士雨傘

這十多年來，中國製的塑膠傘越來越多，下雨天的醫院門口、美容院的傘架上到處可見各式各樣的透明傘。的確，就算突然下雨沒帶傘，便利商店很容易就能買到透明傘，用壞了就丟，是非常方便的日常用品。但是三十歲以上穿著西裝的男性如果拿著透明傘，可就不怎麼帥了。何況遇到結婚典禮、宴會或婚喪喜慶場合時更不用說了，為了應付臨時狀況，隨身有一把好傘是必要的，我也曾經是「有透明傘用就好」的人，但自從我使用過「FOX UMBRELLAS」紳士傘之後，其他的傘我都不用了。收好的狀態下可以放進包包裡，體積小、不占空間。外觀非常有質感，傘柄以天然實木製成，呈現自然穩重感。優越材質打造的輕薄傘面不在話下，打開傘時，可以欣賞手工骨架的美麗弧度。

「FOX UMBRELLAS」是從維多利亞女王時代即開始製造傘具的老字號，被譽為傘具中的勞斯萊斯。一見到它散發濃厚職人氣息的外觀就深深為它著迷，即使外表如此樸實低調也經常被稱讚：「你的傘很不錯喔」。與其每次下雨隨便買把輕便傘，用壞了就丟，又再買新的，不斷重覆著一次性使用的循環，倒不如擁有一把好傘妥善的使用它，不慎稍有損壞還能送修，說不定還能使用一輩子。所以擁有一把好傘避免過多浪費，不失為經濟又環保的做法。

No. 10

【STRAW SHOES】西班牙草編鞋

草編鞋是西班牙的傳統工藝，我曾經在第2章介紹過它是介於運動鞋和皮鞋之間的「正式感」鞋履，屬於搭配性很高的複合式單品，希望它在時尚的優越性能帶給大家一點穿搭靈感。這裡我介紹自己十分愛用的西班牙品牌「gaimo」，由於草編便鞋無鞋帶的設計雙腳可以直接套進去、穿脫輕鬆，如果鞋身做得太鬆走路很容易脫落，因此大部分的草編鞋都像皮鞋一樣採取窄身設計，不太容易出現NG版型，即使平價卻很實用，擁有它絕對是如獲至寶。

在素材使用上「gaimo」的麂皮款可說是充滿了魅力，通常麂皮鞋面會比帆布素材更容易打造像皮鞋一般的正式感。在「style04」和「style13」中，我分別穿了原色丹寧褲和膝上短褲，在具正式感的黑色草編鞋襯托之下，為休閒感單品提供正式感的印象，達到了整體平衡，真的是很方便的鞋款。

近年來草編鞋也越來越受大家認識及普及，我大約6～7年前開始就非常喜愛穿著它出門，多年來我嘗試過各種草編鞋，這雙麂皮草編鞋的版型是最堅固耐用的，這兩年我幾乎是重度使用。它不似皮鞋那麼硬梆梆，也沒有運動鞋的休閒隨意，可以整合恰到好處的正式感，是春夏季節一定要擁有的鞋款。

沒穿過草編鞋的人，不需選擇麂皮款，可以先從一雙日幣2千元左右的帆布款入手，靠它豐富穿搭的變化性。

No. 11

【LONG COAT】長版風衣

曾經擔任「MB窄管褲」顧問的白谷直樹先生，他在擔任設計師期間所經營的服裝品牌便是「sixe」。雖然「sixe」本身已經停止了品牌所有的活動，但它卻是我之前見過的眾多品牌中，我私心最鍾愛的一家，每一件單品都非常樸素耐看，也徹底考量版型及材質的完成度，製造出許多樸實卻經久耐用的標準款單品。這件長版風衣（Bal-collar coat：巴爾瑪肯翻領外套）也是很久以前購入的，一直是我非常愛用的外套，看起來雖然很普通，但只要觸摸過它的材質就會了然於心，令人驚訝的是它紮實的質地，雖然穿了很多年，但絲毫沒有鬆垮變形，現在還經常穿著它。而且因為材質較為硬挺，很有修飾感。如果衣服的材質柔軟，會貼合身體，線條看起來會很美，但必須要身材夠好才行。

而像「style48」那樣不會完全貼合身體的硬挺素材，直線型腰身，不受任何體型影響，反而可以欣賞到衣服原有的美好輪廓。例如衣身的長度、簡約的剪裁等，完全無可挑剔，可以搭配任何造型。早春或初秋都適合作為輕便外套，非常實用，也是衣櫥裡不可或缺的衣物。「sixe」除了長版大衣外，還有許多其他傑出名作，如：連帽外套、襯衫、工作褲、或是可作為配件的後背包，雖然我使用了很多年，但這些好物還是繼續堅守著崗位，實在是非常優秀的品牌。

No. 12

【FEATHER VEST】羽絨背心

其實所謂經久耐穿的衣物，不是那些從美觀角度「看起來很帥、很酷很潮」的單品，而是「外觀雖然沒那麼令人心動搶眼，但無可挑剔」的單品，畢竟時尚不能只看「局部」而是「整體」。男性朋友常會潛意識的以外觀來判斷衣服好壞（尤其是看待運動鞋時更是如此），總是先欣賞衣服的樣式或設計。但是，把所謂好看的「局部」放在整體作為搭配時，就常常產生不協調、缺乏連貫的感覺，如果就單品本身的設計巧思來說也許很好看，但從時尚觀點來看，就未必符合邏輯性了。

「SOPHNET」羽絨背心便是捨棄這種「獨自的美感」與「局部」的效果，而追求「不但可靈活運用在外套或連帽外套上面，也能和丹寧褲與西裝褲搭配，達成整體協調」的境界，因廣泛搭配度及高實用性進而成為萬能單品。

像最近有些因奢華的亮面材質導致過度正式感的羽絨背心非常夯，但最早羽絨背心是作為工作服使用，與其追求單品獨自的美感或過於亮面，不如選擇外表樸實卻容易搭配的單品，像「SOPHNET」這樣簡約低調的款式更容易成為你的日常穿著的好朋友，在範例「style31」、「style32」中，冬天穿在夾克或皮衣外面，春天就穿在襯衫或高領衫上面，大約可以連穿三個季節，是很值得大家擅加利用的簡約單品，只要擁有一件日常搭配將會非常方便。另外，「SOPHNET」還有「長銷品」系列，屬於全年販賣的定番款式，有別於外型酷帥的流行款式，它是能在整體中產生畫龍點睛效果且實穿耐用的好物。

No. 13

【GLASSES】眼鏡

我推薦，曾經接管「Gucci古馳」再創品牌高峰的時尚教父，擔任前「古馳」創意總監的時裝設計師TOM FORD，他以無人能出其右的天才功力，擅長為女性塑造性感迷人的形象，並刻劃男人獨特魅力。

而他最具指標性的設計就是以中田英壽為首，廣受眾多名人愛用的同名品牌太陽眼鏡「TOM FORD」，充滿光澤感厚框架上，鑲入金光閃閃的「T」型金屬符號，辨視度極高，戴過的人一定能夠理解這股不容忽視的存在感，為簡潔的構架增添光澤感，格外引人注目。就算身穿鬆垮圓領衫或丹寧褲，只要戴上「TOM FORD」的太陽眼鏡，也會散發宛如時尚文青的氣勢。

我和客戶初次見面談論公事時，經常戴著這副眼鏡。因為我娃娃臉，擁有亞洲人天生較稚氣的臉孔，經常被誤認為只有二十幾歲，想不被人看扁的話，可以靠這副眼鏡增加氣勢與說服力（笑）。

優秀的太陽眼鏡品牌有很多，例如：國外的「Alain Mikli」，還有日本「Japonism」和「999.9」，但真正可以展現男性陽剛性感氣息的只有「TOM FORD」能夠做到。

它具有獨一無二的存在感，只要戴上它，很奇妙的會散發自信的光彩，多了安全感與專業度。戴著它實，我經常被問到：「這是TOM FORD吧！」頗受好評，是我少數可以故弄玄虛的單品。此外，TOM FORD也曾為詹姆士龐德量身打造一系列優雅西裝，頗受關注。

No. 14

【SHORTS】短褲

中短褲最早由野外攀岩服飾起家的美國品牌「Gramicci」，其後以休閒服飾之姿在亞洲受到廣大的喜愛。

無論是舒適感或細緻的做工，一定都能在網路輕易搜尋到相關介紹。而我鍾愛「Gramicci」短褲的理由非常簡單，只因為它的版型很漂亮。我曾說過穿過膝的短褲會看起來短很腿，比膝蓋稍短的褲長是最適當的。而且如果褲管太窄、過於合身，穿起來很像包粽子。「Gramicci」短褲的版型略微寬鬆，正好符合膝上、寬度適中的標準，十分完美。

尤其是近年來發表的「NN-SHORTS」褲款，比原有的褲型稍微再自然修身一些，讓亞洲人的腿型得到更完美的修飾。

不同網站所販賣的價格不一，通常售價在日幣7800元（約新台幣2600元）左右，十分合理，絕對必買！我認為它最大的優點如同「style21」（P174）我所示範，「版型非常漂亮、腿看起來修長，是成熟男性的最佳首選」，以搭配原則來說這是最重要的。所以，擔心短褲看太幼稚或覺得自己不適合穿短褲而心生排斥的人，請一定要試看看這件不可多得的名作。

No. 15

【WATCH】腕錶

多年來一直在左手腕默默陪著我的親密夥伴就是「ANONIMO」機械腕錶，雖然它的名號並不響亮，但義大利知名腕錶「沛納海（Panerai）」創始者之一Dino Zei先生掌管的腕錶品牌，在義大利可是赫赫有名。對製錶工藝癡迷的人應該都知道：「這不是沛納海嗎？」果不其然，「ANONIMO」延續著「沛納海」的百年製錶工藝，據說它也同樣出自於製造沛納海的小工廠，難怪有一見如故的感覺。

腕錶本身也沒有刻上任何品牌名稱，堅持「無名」的低調作風，雖然icon化是普遍的品牌行為，如同路易威登的「LV」Logo一樣，但「ANONIMO」強悍堅固又簡潔的造型，連名字都不在意的徹底務實作風，完全緊緊抓住我叛逆反骨的心。

腕錶愛好者會喜歡它那充滿深度的雋永風韻，我被它吸引的不是所謂的機能性或它讓人津津樂道的歷史，而是那簡潔洗練的特質。

平常穿著正式感的長版大衣或西裝外套，若手腕戴著一只奢華的手錶很顯得老派，但這樣洗鍊又充滿陽剛味的潛水腕錶竟意外地很有混搭感，我不加思索的就購入。我二十四歲時以日幣四十萬元的價格買下它，現在回想起來覺得這個價位實在超過自己的能力範圍，不過我珍惜的使用它將近十年之久，已經非常值回票價。如同第2章我說過，即使搭配一件簡單的T恤，也能發揮實用又不失品味的存在感，無疑是男性腕錶的首選。

Another side of fashion industry

chapter 5 專業採購の時尚產業真心告白！

認識產業將更瞭解服裝！

日本時裝市場規模龐大，約有日幣九兆圓之多，面對這麼龐大的消費市場，要精準妥善的行動需要具備基本的知識與訣竅。長期從事時尚領域工作的我在這裡和大家分享時尚產業的另一面，裡面有許多非常重要實用的情報喔。

聰明購買篇

下手買衣服的最佳時機！

潮流單品應該在哪個時間點下手最好？一個流行趨勢裡，最佳的購買時機是什麼時候？這些問題非常深奧、充滿了學問，在回答這個問題之前，首先必須瞭解一下「潮流形成」的過程。

起初，「流行」是從哪裡開始的？

「流行」也是有其根源的，它就像淋浴水柱般從源頭慢慢流瀉而下，時尚源頭當然是巴黎、米蘭等最前線的精品名牌，以其為開端發出的「流行」概念，會如同傾洩而下的雨水般慢慢的向下流動、滲透、傳遞散布到全球各地，最後到達所謂最下游的平價服裝量販店。

其中雖然有些品牌完全無視於「流行」的走向，但大部分的品牌無論是否意識到流行趨勢，或多或少都會受最頂層的設計概念所影響。

舉個例子好了，還記得「澀谷系辣男」吧？金光閃閃、華麗狂野的西裝外套、加工破損的丹寧褲、正式的尖頭皮鞋、花襯衫微露的胸膛掛著十字架念珠項鍊、皮帶上誇大的金屬釦環……可這些元素都不是「澀谷系辣男」所創造出來的。

它的源頭來自於米蘭時尚秀的經典名牌「DOLCE & GABBANA」2004年春夏時裝展中發表的設計概念，當時米蘭血統的「DOLCE & GABBANA」以銳不可擋之勢興起，為時裝市場帶來巨大的震撼，在人氣設計師排行榜中也經常名列前茅。

以華麗復古的義式風格引領風騷，像是緊到不能再緊的細身襯衫下微露胸膛，搭配破舊不堪的寬版丹寧褲，利用「流行式樣」與「休閒感」達到平衡的手法非常高超，讓人無法自拔的著迷，當時受到廣大的喜愛。

時至今日雖然「澀谷系辣男」已成為這個典型的代名詞，但當時並沒有這樣的說法，「DOLCE & GABBANA」在2003年左右開始打出這個概念原型時，在一般階層中「Celeb Casual（名人休閒系）」的稱呼比較廣泛使用，其後才有「澀谷系辣男」的說法。

流行從哪裡來、往哪裡走？

流行是如何發生的？

「DOLCE & GABBANA」於時裝展提出新設計概念↓

參加時裝展的採購、模特兒、造型師開始仿效原型穿著↓

下一階層品牌預測市場需求，開始仿造設計原型↓

下一階層品牌的顧客開始穿著這些衣服↓

下兩階層品牌為了買不起這些衣服的族群仿造設計原型↓

下兩段層品牌的顧客開始穿著這些衣服↓

量販店開始跟進，大量生產仿設計原型的衣服。

一個新概念便是以這樣的方式向下擴散、蔓延，我把這個現象稱為「流行的擴散效應」，我再舉一個例子。

只要關注男性時尚的人，一定都知道迪奧男裝「Dior Homme」吧？2000年7月由海迪・斯里曼一手主導的「Dior Homme」男裝引起男性時尚界一陣滔天巨浪，2004年以前都是「DOLCE & GABBANA」奢華、性感、誇耀風格的天下，直到「Dior Homme」出現，流行風格為之丕變，猶如對「女性般纖細褲型、極短夾克，極盡奢華且明顯女性化風格」的反動，一股「天真、纖細孱弱」的浪漫風格在大片喝采中繼而登場。其後發展出對後世產生巨大影響的原型——「窄管丹寧褲」。

至今，「UNIQLO」也能見到窄管丹寧褲的蹤跡，它的源頭便是來自於2005年的「Dior Homme」。它在近年來的許多「流行擴散效應」中是維持時間最長的，而且影響所及之處是最深入底層的。當然以前也存在窄版丹寧褲，但是從來沒有像這樣「幾乎緊黏在皮膚上」極端緊身的版型。

當時特別受到1990年代街頭時尚寬鬆風格影響，充斥著「男性的褲子要寬鬆」的意識，這個現象後來被「Dior Homme」一夕改變，也讓時尚市場一時澎湃洶湧。

回歸時尚本質，找出不崩壞的複製品！

我要向大家傳達一件重要的事，流行的事物不斷經由仿效複製，到達最底層時，往往擺脫不了劣化、崩壞的結果。因為它已一點一滴的遠離根源，原有設計內涵也逐漸變質、失真。忽視細節、忽視材質、忽視最初的意義，變成「只是一件看起來有點像」的仿造品。

如此一來，它與根源早已是完全截然不同的物品，充其量「只是一件看起來有點像」的贗品。

「澀谷系辣男」的潮流正是如此，尖到不能再尖的皮鞋，五顏六色的裝飾品加諸在破爛牛仔褲上，油亮鮮艷的外套……，一味的模仿從眾，並未真正掌握「時尚應該是容易理解且大眾普遍認可」的本質，並且應該保有「純粹」的特質，時尚不應該是看不懂、猜不透的東西。如果沒有重新認識時尚內涵繼續模仿，便無法避免劣化的結果，成為另一個完全不一樣的東西。

即使如此，不表示我鼓勵大家「非得穿真品不可」，所謂流行根源的原創真品非常昂貴，一般人平時不需要穿著時尚尖端的服飾。

你已經學會「衣大原則和黃金準則」，接下來只需要做的事便是「找出盡可能不會崩壞的複製品」。不是「澀谷系辣男」那樣極度誇張搶眼的穿扮，而是如何掌握那些仿效時尚本質的「良品」。然而，你會意外發現這樣的「良品」竟然在UNIQLO就能找得到。

資訊流通快速的現代，越來越多人對全球時尚趨勢有非常高的敏銳度，近年來「流行的擴散效應」越來越快速，UNIQLO嗅到了高敏銳度人口不斷增加的趨勢，早已著手強化和設計師品牌間的合作關係，即使只是一般販售的商品也期許要做到「不會劣化的複製品」的品質，企圖讓人對UNIQLO刮目相看。

然而，要在眼花撩亂的時裝市場裡找出「盡可能不會崩壞的複製品」並非易事，我也一直在努力尋覓「保有時尚本質」的良品。流行是有其根源的，所謂好東西就是「不被過度誇大且保有時尚本質製造出來的複製品」。我每週發行的電子雜誌是最容易取得精確資訊的管道之一，還沒有建立信心的人或者想一起學習的朋友，一定不要錯過這個機會。

到服飾店採購的最佳時機！

從流行是如何發生的，大家應該已經知道哪些衣服值得自己下手了，那麼讓我來具體告訴大家什麼時候才是下手採買的最佳時機。

這裡有明確的答案，雖然根據不同品牌多少有些許差異，但大部分品牌都是按照這個時程推出新品和開始進行折扣。

- 1～2月左右／春夏新品開始販售
- 6～7月左右／春夏折扣季開始
- 8～9月左右／秋冬新品開始販售
- 1月左右／秋冬折扣季開始

一般來說，商品最齊全的時間：春夏是2月，秋冬是9月。

任何的品牌或服飾店在春夏1～2月、秋冬8～9月會開始大量推出新品，但這個時期一般顧客還沒有購買新品的動力，因為春夏新品上架的2月份還很冷，秋冬新品上架的9月份還很熱。但是這時到店裡去，由於還未反應實際需求，所以新品數量多得驚人。從賣方來說必然如此，因為他們必須考慮到所謂「銷售期」的問題。

各大品牌或服飾店，將商品以「高於折扣價」的定價販售，最大的考量是為了確保利潤。只要在新品推出時堅守「即使賣出數量很少，也要盡量以定價販售」的原則，以定價販賣的時間便能盡可能拉長，即使一般消費者認為「才2月而已，春夏品還穿不到呢」，但對於早已看膩了折扣品的「時尚中毒者」來說，現在反而剛好是「趕快購入新衣」的最佳時機。

這時雖然消費者的需求有限，但為了再延長一點正價販賣時間，品牌或服飾業者早在一開始就必須如期將新品上架。

而這些「時尚中毒者」們，當然在新品販售期就馬上靠櫃把好貨一掃而空，春夏新品大約到了3月、秋冬新品大約到10月，某些人氣商品的色號、尺碼就開始不齊全了，由於這些「時尚中毒者」的眼光精準，如果你已規畫好「今年要入手哪些好東西」的話，就得和他們一樣及早採取行動。

新品齊全的2月與9月是最佳入手時機！

「反正賣完了還會再追加生產吧？」「為什麼數量只有一點點，讓消費者一下子就買不到了？」但是對時裝業來說，要追加生產談何容易！例如一般的精品名牌或服飾店縫製程序是委託外包工廠縫製，布料生產是由布料商提供，一件衣服的產生作業外包給數個廠家，季中就算要追加生產，有時會面臨縫製工廠「即使臨時接獲需求，但生產線空不下來（接單爆滿）」的問題，或者布商的布料存貨不足，因此「在必要的時候，因應廠商需求確實生產出所需的貨品」通常是有困難的，這是時裝業長期面臨的困境。

而在這樣的背景下，時裝從商品企畫到店頭陳列需要3個月到半年甚至更久的時間，所以針對「為什麼產量這麼有限，讓人很早就買不到呢？」這樣的疑問，在流行腳步如此瞬息萬變的時裝業裡，給一個很煞風景的答案：「半年後這些商品可以賣出幾件？」便是最根本的問題。

因此，如果店員告訴你「這款只剩下一件喔」這種官方說法，絕對不是在騙你。

所以回到業者對於正價銷售期的考量，新品最齊全的2月和9月無疑是消費者最佳的買點，為了防止「時尚中毒者」開始掃貨之際而導致缺貨的結果，大家必須得加快腳步。請記得，即使是暢銷品，一旦缺貨幾乎就不會再補貨了。

折扣季在一週內竟是勝負關鍵！

誠如一開始所說，折扣品通常都是「挑剩下的」、「賣剩下的」商品，你可以說它是：「原價販賣期間沒有被買走所剩下的商品」，因此，折扣品充其量都是不被青睞的粗劣商品，這麼說絕非誇大之詞。

確實也有些例外，例如這款只剩下L號；或者如前所述，因誤判需求量、生產過剩而導致的商品滯銷。因此好貨有時也可能會留到折扣季成為特價品，所以並不是折扣品就不能買，如果想挑到好東西，就要在拍賣開始一週內採取行動。

按照常理，消費者是基於經濟合理性而進行購買行動，買衣服經驗豐富的人經常懂得根據「先下手為強」與「在特價頭一天採買」的原則採取行動。特價品基本上都是賣剩下的貨品，所以特賣期等於是和其他人搶購「數量有限的庫存品」，如果不在一開始採取行動，最後就只能買到「剩下再剩下」的衣服了。

這意味著良品擺在店上的時間大約僅有短短一週，特價進行一週左右，良品就會大量減少，如果是夏季特賣，相當於6月底到7月第一週左右，冬季特賣大約12月底到1月第一週左右的時間。

在特賣的尾聲，店家會把剩下的衣物再次集中，打出驚人的「史上最超值3折」的超低價策略，這時請不要理會它。所謂的「3折」其實根本沒有「3折」的價值，這個時間點還賣不掉的衣服在「定價販售期」與「特賣期」都是完全沒有動靜的滯銷品。

衣服的製造成本約為定價的3成，即使「再也沒有利潤也要減價甩賣」，等於是賠本出清。而且再怎麼便宜的衣服，如果不會馬上穿到，買了也沒有用，不如把預算省下來留待新品發售期看到屬意的衣服再下手，才是明智的消費方式，所以請記得「折扣季一週內」是勝負的關鍵。

絕對不要搶購福袋！

另外，我也經常被問到「到底該不該買福袋」的問題，基本上我認為——不應該購買。因為我在時尚界十幾年，在看過許多品牌推出福袋的經驗中，從來沒見過能讓人感到「這個太棒了！實在太超值了！」讓人驚喜的福袋。

而我詢問每個購買福袋的人，當中哪個人裡面每樣東西都用得到？答案如何想必大家應該都很清楚了。

至於，為什麼要出福袋？這些擺出來也沒人要買的東西、或賣剩下的貨品，業者必須「隱藏」這些貨尾中的貨尾被集中起來再次販賣的事實，這就是福袋的真相。有一些都市傳聞說：「福袋中放的是有宣傳效果的好東西」，關於這點，只要是時尚界工作者都知道這只不過是一種謊言。

因為「平常用定價購買商品的顧客」和「會購買福袋的顧客」屬於不同族群。過年購買福袋的消費者不是平常會到店裡購物的那一群人，會到服飾店或品牌消費的顧客，在推出福袋時早已買足平時想要的商品了，自然沒有必要特意購買「期待值這麼低」的福袋。

容易讓人陷入要不要買福袋苦惱的品牌，通常是那些昂貴的名品店，「因為平常買不起，但如果是福袋的話應該還有機會可撿到一些便宜……」。實際上，因為這樣的客人很多，所以這些服飾店及品牌把「平常不會上門的顧客」當成傻瓜，將「貨尾中的貨尾（積壓的庫存品）」裝進福袋裡，這對顧客來說是很殘酷的事實，因為這些貨品平常也不會有人買，店家這麼做也是迫於無奈。

而且，如果「在福袋中放入可達到宣傳效果的好商品」的說法是正確的，何需特意隱藏起來？直接打出3折的廣告或在部落格上宣傳……效果豈不是更好？考量到經濟的合理性，「福袋該不該買」應該一清二楚了吧。

聰明購買篇

近來崛起的「平價服飾」要鎖定哪個品牌？

席捲全球的快速時尚品牌H&M或ZARA採取激烈快速更換新品的戰略，他們有自信讓顧客「每次來都會看到不同的商品」。從商品企畫到店頭陳列僅需數週，在極短時間內就能推出新品，速度之快讓人瞠目結舌。

一般來說，時裝界商品開發的時間從企畫開始到店鋪上架大約三個月到半年，他們如何在這麼短的時間內完成這些不可能的任務？顧名思義，就是「Fast」，沒錯，就是用速度創造時尚。所以他們必須早一步掌握趨勢走向，當市場有需求時，就能在最短時間內供應所需的商品，這是他們的厲害強項。

前一單元有提到，一般品牌有「商品開發時間冗長，無法根據需要及時提供商品」的障礙，但快時尚品牌只要認為什麼可以賣，大約幾週的時間就能完成生產，並將商品送到店頭上，他們很早就能抓住流行走向，分析可以熱賣的商品，並在最短時間內送上消費者想要的商品。

因為快時尚解決了一般服飾品牌長年難以解決的「無法快速因應需求」的問題，以致於時裝市場幾乎迅速成為快時尚的天下。

一般人都喜愛的商品或其他品牌熱賣的設計，快速時尚都能以更驚人的低價提供給大家，所以許多既有的紡織業和服飾品牌業績開始走低是必然的。要對抗快速時尚，需要重新檢討具備快速因應能力的生產機制，但直到現在有能力徹底改善現有體制的品牌並不多，陸續遭受排擠就是現狀。

UNIQLO和H&M如何抉擇？

特立獨行的UNIQLO堅持走自己的路線，採取完全迴異的生產模式，雖然經常被大家稱為是快時尚，但它的本質其實是「慢時尚」。

UNIQLO製造每件商品比其他品牌還要花費更長的時間，它不像快時尚品牌一樣在短時間內馬上做出可以熱賣的商品，而是花費時日、穩健踏實的生產可以長銷的經典款，為每件作品投注許多心血。

例如「Fleece刷毛外套」便是投入相當長的準備期進行開發、每年持續以幾千萬件的數量販售的長銷型單品。丹寧褲也是一樣，喀什米爾針織衫也是如此。

UNIQLO把每件衣服視為猶如「零件」的配角，其設計理念並非把衣服當作整體搭配中的主角，而是定位在「基本」形式、並且任何場合都能使用的「零件」作為提案發想，因此在冗長的開發過程中，以「經得起長久使用的品質、不受潮流影響，人人都認同的設計感及樣式」為最高經營策略。

經常聽到「H&M啊……如何如何」「ZARA的衣服很棒，但穿不久」……等等評論，其實快速時尚本來就是這樣。它們著重「以最快的速度、少少的價錢提供當下最夯的商品」，精心生產「可能會符合最新流行」的商品，但無法建構出足以讓消費者長期愛用且經典的基本服飾。

說到這一點，回到「選哪一個品牌好？」這個問題，H&M等快速時尚過分追求潮流姑且可歸類為「穿過就丟」的衣服，反觀UNIQLO或無印良品這類慢時尚，則是充滿太多「過於基本、沒有個性」的衣服，因此，如果能折衷一下，綜合此兩者極端的風格，對日常靈活搭配應該能大有助益。然而……有一些商品確實存在於兩者之間。

鎖定UNIQLO超大型店特別商品！

那就是「UNIQLO超大型店特別商品」。因為UNIQLO志在創造大家都能穿著的衣服，所以有時會「犧牲掉衣服的輪廓」，即使設計、材質都不錯，但為了符合中學生到歐吉桑各年齡層的體型，肩寬、身寬、下襬寬度通常比較寬鬆，大部分都是不折不扣的「UNIQLO風格」，輪廓有著無可爭議的安全感。然而，一樣是UNIQLO，在「超大型店特別商品」裡就能找到一些不可多得的精彩傑作。

UNIQLO所販售的商品項目每個店鋪不一，它會設定幾個規模較大的「大型店鋪」（還細分為超大型店鋪、大型店鋪等）販賣其他分店不會出現的限定商品，這便是「超大型店特別商品」。

由於大型店鋪來店的客層擁有各式各樣的需求，所以會導入少量、流行感高且品質優良的商品。即使平常非上萬元服飾不買的時尚中毒者也會發出「咦？沒想到UNIQLO也不錯嘛～」的讚歎。

第2章推薦給大家的窄管丹寧褲、以及世界級頂尖設計師「Jil Sander」聯名設計的「＋J」系列都是「大型店特別商品」，屬於基本款、也具有長久使用的品質，同時也合乎趨勢潮流，可說是集所有優點於一身，是經典中的經典。此系列商品最符合想聰明省錢、用合理預算就能穿出時尚的需求。

時裝產業中也有人批評「我不認同UNIQLO和H&M」或「他們做的不是衣服，而是工業製品」，答案都是由市場決定。他們既不像UNIQLO可以專心致力投注心血在產品開發上，也沒有開發其他新的「基本款」商品的魄力；又達不到像H&M可以「快速的做出人們想要的商品」的應變能力，不上不下的半調子，這樣的品牌終將走投無路。如果將快時尚或UNIQLO的衣服鄙視為「工業製品」，也許必須先真誠面對自己何以敗倒在這些「工業製品」之下，好好反省一番。

時裝界目前面臨突破困境之際，我和消費者們需要聰明靈活的使用快時尚，可以期待未來能夠看見一些對抗快時尚現象的品牌出現，但目前看來也許還需要一點時間。

選擇知名品牌代工原創品牌！

如果大家會覺得「精品太昂貴了，我下不了手」、「我想找物美價廉的東西」，我推薦大家試試「精品代工品牌（Factory Brand）」。

所謂「精品代工品牌」簡單來說就是「知名品牌代工的原創品牌」。在第2章我曾推薦過「PADRONE」的鞋履，如同我一直告訴各位的，許多品牌並非由自有工廠製造商品，例如：鞋子是委託製鞋店、休閒衫是委託休閒衫工廠，自家品牌未必擁有自己的生產技術。這是為了要保障高品質，與其自己從零開始建構生產技術，不如委託專門製造特定產品的生產單位或工匠負責。

這些作為「製造高級名牌精品」的承包工廠或工匠，雖然未必有知名品牌的眼光及設計素養，但卻擁有做出「良品」的獨門技術，基於這個優勢成立自己的品牌，就是所謂「精品代工品牌（Factory Brand）」。

對於消費者來說，這是無上的好處，所謂「Factory Brand」因為不會冠上高級精品的名字，且工廠大多靠自己進行批售，基本上都是相對低價格，因此可以用較低的代價買到和國際精品同樣等級做工的商品，我為大家介紹幾家代表性的「Factory Brand」。

① Majestic

1992年於法國創業的Factory Brand，是休閒衫專業品牌，從每一條紡線到生產都極致講究，許多人都有聽過它的大名以及生產世界級休閒衫的歷史。雖然是知名品牌代工，但一件長袖休閒衫就要價約日幣9千元，價格算是非常高，一旦觸摸到實品就能了然於心，怎麼樣也是日幣9千元買不到的品質。

「Majestic」有很多宛如絲質觸感的柔軟棉質單品，充滿細緻光澤，只要一件就能穿出與眾不同的差異感。它在日本流通的數量並不多，不過在「Factory Brand愛好者」間相當知名，每季推出商品都幾乎售罄。

②Basisbroek

這是比利時的Factory Brand，它經手一流品牌「MAI-SON」與設計師品牌的服飾生產，擅長生產褲子。最有名的是腰部採用鬆緊帶設計的舒適褲，同時深受男性與女性的喜愛。它在日本流通的量也極少，通常在服飾店裡也很少見，只有在拍賣網站上偶爾會見到幾件在販賣，我每一季也都十分愛用。除了它擅長的褲子之外，它也有不少非常優秀的外套。

style05（P164）實穿款

③Halcyon Belt Company

這是來自英國的Factory Brand，負責「Paul Smith」、「Duffer」等品牌的皮帶外包生產。通常購買精品名牌的皮革製品價格都非常昂貴，所以很推薦試試看Halcyon Belt Company，它有許多兼具品味及功能性的簡約作品，不過裡頭有些皮帶扣環極為誇張前衛的款式，挑選時請特別注意，盡量選擇窄版且外型簡約的比較好。

▲非常好用的編織皮帶

斷捨離篇

學會丟衣服，就是變時尚的第一步！

每次想要買新衣服時，就必須把衣櫥清出一些空間，當然衣櫥的空間有限，又不像哆拉A夢一樣有四度空間口袋可以無限放大空間，有時必須對舊衣物進行「斷捨離」。淘汰舊衣服，除了是準備買新衣之外，也許更積極的意義是：這是變時尚的第一步。

本單元我要告訴你哪些是「絕對不要再穿」的衣服，如果你的衣服符合我所說的條件，就請勇敢的將它丟了吧。想一想，你當初是為了什麼動機讀這本書？大部分的人應該都是「為了想變時尚」吧，如果總是為了「總有一天還會再穿到」而使衣櫥越堆越滿，請趕快丟掉這個舊觀念，買進新衣服吧，這反而變時尚的第一步。

請鼓起勇氣把老舊的價值觀丟掉，也拋開過去的自己。如果你現在的衣櫥是已經快要滿出來的狀態，表示你的時尚得從「處理掉不適合自己的物品」開始。

只要超過一個月沒穿就可以丟了！

我必須在一開始說重話。首先，春夏衣物歸春夏，秋冬衣物歸秋冬，根據穿著季節，如果這件衣服你已經一個月以上沒有穿就可以丟了，這是第一個大原則。

物品會束縛你的思考，購買新衣時，「我已經很多褲子了」、「黑襯衫我已經有了」、「白襯衫我有好幾件了」……手上現有的衣服會是你變時尚的阻礙。

事實上，不穿的衣服就沒有存在的價值，光收納一件衣服的空間，用房租費來換算是很划不來的，何況你有堆積如山的衣服。不再使用的物品封存而不用，和把錢丟出去是一樣的道理。

已經不穿的衣服，毅然決然丟掉它們吧。

這些就是你該丟的衣服！

即使如此，呼應第2章【搭配篇】所說的，像有些丹寧褲確實還可以再起死回生。也許你還有一些充滿眷戀的衣服，想著有一天能再穿上它，所以還不願意馬上丟掉衣服的人，我教你「哪些衣服可以當機立斷丟掉」的標準，這可幫助你避免猶豫不決，也許有人聽起來會覺得很刺耳，請先忍耐一下讓我痛快的講完。

①靴型牛仔褲

靴型褲是從膝蓋以下逐漸變寬的褲款，就算它曾經是當年男性的必備款，但靴型褲已經是超過十年都沒再見到過的流行，如果現在還穿著，實在是太NG了，請把它丟了。

這個時代的主流是膝下到褲腳越來越細的窄身丹寧，盡量越合身俐落越好，重點是看起來要有「正式感」。

作為長期在眾多品牌間打轉的專業時尚採購，可以很肯定的是，下襬寬大的靴型褲早已沒有人出了，不管怎麼穿，保證看起來會有超過十年的老派，我也有「自信」沒有辦法幫助它起死回生了。

未來無論流行腳步如何變遷，靴型褲也許還有出頭之日，然而，即使流行會再回來，也可能和從前的樣式完全不一樣了。流行的發展經常是以螺旋狀的變化為周期，近年來，有些潮流單品的確再度在年輕人間流行起來，但與1980年代所流行的樣式早已截然不同。

例如現在流行的手拿包大多是設計簡單、直線條的外形，但當時的手拿包是專門收錢的上班族夾在腋下使用的所謂的「Second Bag」，上面有著奇特的金屬五金，而且呈現袋狀。

千萬不要想著「哪一天還會用到」，假設五年後還會再流行，那也和你現在擁有的不再是相同的東西。

②反折會露出格紋的褲子

對照一下你前面學過的「時尚」觀念，你應該知道別出心裁的「反折格紋」是個非常棘手的設計吧。大家應該有買過這樣的褲子，褲腳反折露出裡面的格紋，這種設計不知是從哪個品牌開始的，同樣的，你也可以不加思索將這種褲子直接丟了。

初學者很容易會有「褲腳反折露出裡面的格紋設計相當搶眼，可以引人注目」的想法，但這只會徒增廉價感而已。

當然你會希望把它作為休閒感單品，利用「上衣搭配正式感襯衫，腳上搭配正式感鞋款」的方式加以平衡。不過，這個理論屬於另一個次元，而且會產生無可救藥的幼稚印象。後面會我會再說明，這和「襯衫領子或前襟的內層有格紋」的道理一樣，都是非常危險的事。

③忘記什麼時候買的工作褲

不管怎樣說，工作褲算是失敗率很高的服裝，如果你有明確的自信，因為工作褲版型、設計真都很優秀而買下的話也許還可以；但如果你連什麼時候買的都忘了，那可就不太妙了。

日本的時裝市場休閒感單品總是太過氾濫，工作褲也是一種充滿雜亂設計元素的服裝，像是古著加工、誇張寬大的版型……這類的款式不勝枚舉，如果把這樣的工作褲和上衣、鞋子配成正式感穿著的話，必須要有相當強大的搭配功力才行。

如果你的工作褲屬於太過休閒而不好搭配衣服，也請速速把它丟了吧。而我推薦「UNIQLO」的工作褲版型非常合身也很好搭配，不失為比較務實的選擇。

④人生中的第一雙靴子

在閱讀本書之前，你買過的靴子是否以咖啡色系的工作靴居多？以往你的挑選標準應該都是以「鞋子本身美觀與否」而選購的吧，尤其是買靴子和運動鞋時，這種傾向更為明顯，充滿各種複雜設計元素的工作靴有種不可思議的酷味，有時雜誌也會大推某些鞋款，再加上店員的推波助瀾之下，不知不覺就買下去了，想必大家第一次買靴的經驗差不多都是這樣吧。

但是，時尚不能只看「單品本身」好看與否，而是「整體」的平衡性，這些我已再三提醒大家，視覺感強烈的鞋子會使大家把視線集中在腳上，當鞋子成為焦點時，褲子和鞋子的界線就會變得很明顯，腿看起來會變短、比例不好。

的確，工作鞋「本身」實在很好看，但「整體」的考量更為重要，很令人意外的，靴子其實越簡單樸素越好搭配。

想必大家第一次購買的靴子，應該都不在本書所建議的購買之列吧，如果你已經心裡有數，就毫不猶豫把它扔了吧。

⑤CROCS卡駱馳膠鞋

雖然並非所有的卡駱馳都不ＯＫ，但它會讓人不時尚，那些穿著圓滾滾鞋身、到處都是洞的拖鞋的人走在街上，你覺得他們看起來時尚嗎？如同我在書中一再揭示的原則，「街著」時尚必須在身上營造「正式感」這樣適度的緊張感，但卡駱馳膠鞋具有驚人的破壞力，就算全身穿著正式西裝也無法消除卡駱馳強烈的休閒感，尤其是有點髒汙的卡駱馳破壞力更是難以估計。

卡駱馳是非常方便的鞋款，穿起來也十分舒適，但無論再怎麼努力它也不可能變時尚，作為「街著」使用前請多多三思。

⑥特殊設計的白襯衫

很神奇的，在襯衫上大作文章的商品真的很多，尤其是在樂天市場購物網站上購買的款式，更是充滿了地雷。

例如：襯衫領子內側有格紋、雙層設計的領子、其他顏色的鈕扣縫線、格紋門襟（前方縫有一排鈕扣的開襟部位）……說到特殊設計，大家應該馬上可以聯想到這些款式。

白襯衫是舉足輕重的「正式感」單品，一件嶄新簡潔的正式襯衫和丹寧褲、卡其褲等休閒感單品搭配時，扮演著提供正式感、消除休閒感的重責大任，既然正式襯衫如此貴重精緻，當然不需要把「休閒元素」加諸在襯衫裡，設計簡約的純白色襯衫絕對是最佳的選擇。

加入花樣或圖案設計的襯衫就不具有正式感了，市面上大多數的襯衫樣式都不甚理想、甚至不合格，我建議這些都可以丟掉了。

以上我為大家指出了哪些屬於ＮＧ單品，讀到這裡，相信大家心中也慢慢建立起大致的標準了，即使這樣，咖啡色系的皮鞋呢？已經褪色丹寧褲還能穿嗎？……如果你仍然感到困惑，不妨將它和正式感單品搭配，從「整體」的角度檢查看看，只要覺得「有點不太協調」，表示丟了也不會有太大的問題，因為不容易搭配的衣服即使再怎麼捨不得，也沒有穿它的必要了。你會說「但是它很貴啊」，那麼走一趟UNIQLO吧，學會穿衣邏輯的你，已經知道什麼是你該買的衣服了。

結語

在寫這本書的過程當中，翻攪出一段令人難堪的記憶，那是在學生時代進入一家服飾店，我被店員嘲笑「穿這麼土還敢進來？」彷彿被當成傻瓜的回憶。

那時對正在學習服裝的我來說是件萬分懊悔沮喪的事，的確，服飾店員個個都很時尚……我懊惱自己什麼反駁的話都說不出口，「時尚的人就不可一世嗎？」「難道可以因此取笑別人嗎？」一時間情緒翻騰起伏，千言萬語湧上心頭卻無言以對。

有很多「對外表充滿自信就得意忘形」的人，經常會以優越感自居而嘲笑別人，擁有自信固然是好事，但絕不可以此作為輕蔑、取笑別人的理由。事實上，人很容易不自覺藉由服裝的「外表」使他人被孤立，顯示出自己的優越感。

因為如此，我發誓絕不要像那些店員一樣，成為「外表時尚但內心懷有惡意的人」。

外表好看為人和善的人才是最酷的，世界上存在很多外表好看、內心邪惡的人，以及心地善良卻不重視外表的人。但是只要稍加調整就能兩者兼得，只要一點體貼關懷就能讓人感受到你的「心意」，對方善待我們，就真心的說聲感謝，經常考慮對方、用心對待就很足夠。

隔壁的人拿重物時問問：「需不需要幫忙？」朋友看起來不太舒服問問他：「你還好嗎？」懂得關心別人是一件很棒的事。

而經營「外表」比經營內在容易多了，大家一起讀到這裡了，應該無需贅述了吧。

我希望成為一位「時尚、外表好看人又Nice……能幫助曾經像自己一樣失落迷惘的人，並且可以傳播時尚知識」的人。時至今日，我的理想好像已經慢慢實現了，這促使了我不斷的繼續寫下去，真心感謝曾經一起共事的夥伴們。

差不多寫到了這裡，時尚啊……「就只是衣服罷了（たかが洋服= It's just a clothes）」，人生還有其他更值得我們珍惜的事物，那就是家人、朋友、愛人、工作、每天的生活，但如果因為自己不懂得經營「只不過是衣服的外表」而使這些事物受到損害的話，將是件非常可惜的事。所以我們藉著瞭解衣服、瞭解怎麼穿衣服讓自己變得活躍、行為舉止也會從容大方。

透過本書，我希望能藉由邏輯式的服裝分析，提升東方人的時尚涵養，並且對大家的人生產生一點點助益。即使「就只是衣服罷了」，但願時尚能帶來歡喜、快樂，並豐富每個人的生活。我想把看似簡單卻又深入、充滿魅力的時尚世界向更多人傳達，這將是出乎預料的幸福。

最後，本書能順利出版我要感謝協力的出版社及所有工作人員，還有支持我的家人、好友熟識，以及官方網站及電子雜誌的讀者們，你們是最棒的，謹此向大家致上最高的謝意。

Information

《型男快時尚〈※書名以最後版本修改〉》大家覺得如何？本書作為「男性時尚的教科書」我整理出滿滿實用的穿搭邏輯，作為改造的第一步我很有自信這些內容已經足夠各位使用，好好參考這本書，走在街上你會慢慢獲得「他好時尚啊～」的讚許，讓人投以羨慕的眼光，大家一定要有信心。

如果對時尚有興趣還想知道更多深入知識的人、想得到單品具體資訊的人、或者想讓我為大家診斷服裝搭配方式，可以參考訂閱我每週發布的電子雜誌《快速變時尚的方法─現任男性時尚採購的穿搭術與服裝搭配診斷》（http://www.mag2.com/m/0001622754.html）。

每週大約4～5萬字為大家解說服裝及穿搭術，比雜誌大幅多出許多內容，像UNIQLO或無印良品等平價單品也能變時尚的企畫單元「Fast Fashion Must Buy」，或是「Q＆A專欄」解答種種疑問：「我手邊的單品還可以使用嗎？」「這件衣服好搭嗎？」「這件要怎麼搭配？」等等，我會親自回覆，讀者投稿的穿搭案例也有專門的診斷教室為大家診斷，支援讀者朋友各種時尚的疑難雜症。

電子雜誌每月訂閱僅需日幣540元，當初費用的設定是以「讓讀者可以用手邊相當於買一本時尚雜誌的零錢每月持續訂閱」而發想。雖然是保守的男性時尚（相對於女性時尚來說），也需要時時更新服裝解說、品牌或服飾店的介紹；當有重大流行或變遷時，我也會補充邏輯式的情報，比每個月購買一本雜誌還超值，為了提供比雜誌實用度更高的內容給大家，我會持續投入更多心血。

時尚路上有各位同好相伴變得更加有趣，透過電子雜誌、社群網路（SNS）和大家交流對我寫稿是莫大的鼓勵，能和大家一直交流下去將是我最大的心願。

台灣廣廈國際出版集團
Taiwan Mansion International Group

國家圖書館出版品預行編目（CIP）資料

日本銷售第一の型男快時尚 / 日本頂尖男裝採購專家MB作；莊遠芬翻譯.
-- 新北市：蘋果屋 ,2016.11
面； 公分. --（品生活系列；21）
ISBN 978-986-93136-5-0（平裝）
1. 男裝 2. 衣飾 3. 時尚
423.21 105014009

日本銷售第一の型男快時尚

作　　者／MB
翻　　譯／莊遠芬
編輯中心／第四編輯室
編 輯 長／陳宜鈴・**編輯**／蔡沛恩
封面設計／何偉凱・**內頁排版**／菩薩蠻數位文化有限公司
製版・印刷・裝訂／皇甫彩藝印刷有限公司

發 行 人／江媛珍
法律顧問／第一國際法律事務所 余淑杏律師・北辰著作權事務所 蕭雄淋律師
出　　版／台灣廣廈國際出版集團 蘋果屋出版社有限公司
地址：新北市235中和區中山路二段359巷7號2樓
電話：（886）2-2225-5777・傳真：（886）2-2225-8052

行企研發中心總監／陳冠蒨
媒體公關組／徐毓庭
綜合業務組／何欣穎
地址：新北市235中和區中和路378巷5號2樓
電話：（886）2-2922-8181・傳真：（886）2-2929-5132

全球總經銷／知遠文化事業有限公司
地址：新北市222深坑區北深路三段155巷25號5樓
電話：（886）2-2664-8800・傳真：（886）2-2664-8801
網址：www.booknews.com.tw（博訊書網）
郵政劃撥／劃撥帳號：18836722
劃撥戶名：知遠文化事業有限公司（※單次購書金額未達500元，請另付60元郵資。）

■出版日期：2016年11月　■初版2刷：2018年03月
ISBN：978-986-93136-5-0